Gladys Sandi Licapa Redolfo

Análisis Instrumental

Gladys Sandi Licapa Redolfo

Análisis Instrumental

Manual de Laboratorio

Editorial Académica Española

Imprint
Any brand names and product names mentioned in this book are subject to trademark, brand or patent protection and are trademarks or registered trademarks of their respective holders. The use of brand names, product names, common names, trade names, product descriptions etc. even without a particular marking in this work is in no way to be construed to mean that such names may be regarded as unrestricted in respect of trademark and brand protection legislation and could thus be used by anyone.

Cover image: www.ingimage.com

Publisher:
Editorial Académica Española
is a trademark of
International Book Market Service Ltd., member of OmniScriptum Publishing Group
17 Meldrum Street, Beau Bassin 71504, Mauritius
Printed at: see last page
ISBN: 978-620-0-41397-0

ANÁLISIS INSTRUMENTAL

—

MANUAL DE LABORATORIO

ING. GLADYS SANDI LICAPA REDOLFO

CONTENIDO

PRESENTACIÓN……………………………………………………………………...… 3

OBJETIVOS…………………………………………………………………………...… 4

REGLAMENTO INTERNO DEL LABORATORIO…………………………………...… 6

SEGURIDAD EN EL LABORATORIO……………………………………………...… 9

PRÁCTICA N° 1

NORMAS DE SEGURIDAD PARA EL USO DE INSTRUMENTOS ANALÍTICOS………….. 11

PRÁCTICA N° 2

EVALUACIÓN DEL RUIDO, VELOCIDAD DEL VIENTO Y LA INTENSIDAD DE LUZ EN LAS INSTALACIONES DE LA UNIVERSIDAD…………………………………...… 18

PRÁCTICA N° 3

RECONOCIMIENTO DE PARTES DEL EQUIPO DE ABSORCIÓN ATÓMICA…………..… 25

PRÁCTICA N° 4

PREPARACIÓN DE ESTÁNDARES………………………………………………...… 32

PRÁCTICA N° 5

OPTIMIZACIÓN DEL EQUIPO DE ABSORCIÓN ATÓMICA Y EMISIÓN ATÓMICA…… 37

PRÁCTICA N° 6

CALIBRACIÓN ORDINARIA DE ABSORCIÓN ATÓMICA Y EMISIÓN ATÓMICA……… 41

PRÁCTICA N° 7

EVALUACIÓN DEL RENDIMIENTO INSTRUMENTAL EN ABSORCIÓN ATÓMICA: SENSIBILIDAD Y LÍMITE DE DETECCIÓN…………………………………………. 46

PRÁCTICA N° 8

ANÁLISIS POR ADICIÓN DE ESTANDAR: INTERFERENCIAS ANALÍTICAS……………... 52

PRÁCTICA N° 9

MANEJO DEL ESPECTROFOTÓMETRO UV-VISIBLE…………………………………. 59

PRÁCTICA N° 10

MANEJO DEL COLORÍMETRO……………………………………………………….. 68

PRÁCTICA N° 11

DETERMINACIÓN DE pH Y ACIDEZ EN MUESTRAS REALES POR POTENCIOMETRÍA………………………………………………………………….. 75

PRÁCTICA N° 12

TITULACIÓN CONDUCTIMÉTRICA ÁCIDO – BASE…………………………………. 78

PRÁCTICA N° 13

MANEJO Y USO DEL POLARÍMETRO……………………………………………….. 82

PRÁCTICA N° 14

DETERMINACIÓN DE ZINC EN AGUAS POR ABSORCIÓN ATÓMICA EN LLAMA…… 91

PRESENTACIÓN

Este manual nace con la intención muy concreta, ser una guía de apoyo al trabajo experimental de la asignatura *Análisis Instrumental* que se imparte en la carrera de Ingeniería Ambiental. Con la amplia gama de técnicas instrumentales de análisis con las que se cuenta en la actualidad y a su incesante desarrollo, el dominio de todos ellas es difícil de abordar en su totalidad en un curso de ingeniería, por lo tanto, es necesario adquirir conocimiento de una manera general, que nos permita interpretar y manejar datos obtenidos con cualquiera de ellas.

Cada una de las prácticas descritas en este manual está estructurada en seis apartados: en primer lugar, los objetivos que se pretenden alcanzar con el desarrollo del experimento, tras ello se incluye un breve y conciso fundamento teórico de la técnica analítica empleada. A continuación, se enumera el material y los reactivos necesarios para la realización de la práctica incluyendo la forma de prepararlos en determinados casos. Por último, se detalla el procedimiento experimental, seguido de un apartado de resultados en el que se pretende que el estudiante anote los datos obtenidos en la experiencia y que le permitirán resolver las cuestiones planteadas. La idea es que tanto los fundamentos teóricos básicos como los procedimientos experimentales queden reflejados en un mismo manual, de forma que éste pueda ser útil para una mejor comprensión de la asignatura e incluso para aquellos estudiantes que en el futuro ejercicio de su profesión, necesiten realizar análisis de sencillas muestras ambientales.

Este enfoque contribuye a la formación competitiva en análisis instrumental y al perfil profesional en su área.

Gladys Sandi Licapa Redolfo

OBJETIVOS

GENERALES

- Conocer las técnicas y métodos más utilizados en el *Análisis Instrumental* al obtener y utilizar información obtenida con estos para la cuantificación de sustancias en muestras ambientales para que desarrolle habilidades, actitudes y criterio apropiados a fin de resolver problemas en su área.

- Reafirmar los conocimientos teóricos en la aplicación de las metodologías analíticas empleando un equipo instrumental para identificar y cuantificar una sustancia en una muestra de interés en el área ambiental.

ESPECÍFICOS

- Conocer e identificar las partes básicas del equipo utilizado para su manejo adecuado a fin de obtener resultados confiables.

- Conocer la información que el equipo genera y su uso para análisis cuantitativo.

- Interpretar y relacionar variables a utilizar para efectuar el cálculo de contenido de una sustancia en una muestra real.

- Aprender a calibrar los equipos que se utilizaran en cada una de las prácticas.

- Instruir al estudiante en el uso y aplicabilidad de las técnicas estadísticas más importantes para el tratamiento y análisis de datos provenientes de experiencias de laboratorio.

REGLAMENTO INTERNO DE LABORATORIO

1. En todas las sesiones es obligatorio el uso de bata larga con mangas largas y zapato cerrado en el laboratorio.

2. Se exige puntualidad en la hora fijada para el comienzo de la práctica ya que deberá participar de las instrucciones previas al desarrollo de la práctica.

3. Procure leer cuidadosamente el contenido de la práctica y la bibliografía que corresponde antes de entrar en el Laboratorio. Esté siempre seguro de lo que va a hacer.

4. Acostúmbrese a seguir las instrucciones del manual de laboratorio. No pregunte a sus compañeros. Ante cualquier duda consulte al Docente, al coordinador del laboratorio o al asistente del laboratorio.

5. En el transcurso de la práctica no se permitirá la salida del laboratorio sino por motivos especiales, y previa autorización del Docente.

6. Se deberán conservar limpias las instalaciones, el material y el equipo de trabajo (incluyendo las balanzas analíticas) al inicio y al final de cada sesión experimental.

7. Se deberá guardar orden y disciplina dentro del laboratorio y durante la sesión experimental, quedando prohibida la entrada a personas ajenas al mismo.

8. Queda estrictamente prohibido fumar, consumir alimentos y bebidas dentro del laboratorio, ya que muchas de las sustancias químicas que se emplean son inflamables y/o tóxicas.

9. Es importante que antes de trabajar, el estudiante conozca las características de las sustancias químicas que va a utilizar para que pueda manipularlas adecuadamente (se deberá apoyar en la consulta de las fichas de seguridad).

10. Es responsabilidad del alumno revisar el estado en que recibe el material, ya que al término de la sesión experimental lo debe regresar en las mismas condiciones en las que lo recibió y perfectamente limpio.

11. En caso de extravío o daño del material o equipo de laboratorio, se resguardará el DNI o el carnet del estudiante responsable del daño o extravío hasta su reposición con iguales características.

12. Los estudiantes que adeuden material de laboratorio, deberán reponerlo a la mayor brevedad posible o a más tardar el último día de realización de prácticas, de lo contrario los deudores no serán evaluados es sus dos últimas evaluaciones y no podrán inscribirse para la evaluación sustitutoria.

13. Para la extracción de reactivos líquidos, se deberán emplear perillas de hule y nunca succionar con la boca.

14. Los reactivos químicos no deberán ser manipulados directamente, se deberán usar implementos como pipetas, espátulas, cucharas, etc.

15. Después de manipular sustancias químicas es necesario lavarse las manos con agua y jabón.

16. No deje sobre la mesa del laboratorio las prendas personales y los libros. Ello resta espacio para trabajar y les hace propensos al contacto con los reactivos. Sólo deben estar sobre la mesa los materiales que se estén usando.

17. Los reactivos sacados del frasco y que no se hayan usado, no deben verterse de nuevo en aquellos, puesto que todo el contenido puede contaminarse. Por consiguiente, las cantidades de reactivos que se saquen deben ser las necesarias para no malgastarlas.

18. Lave el material y los aparatos de su equipo tan pronto termine de usarlos. En la mayoría de los casos, el material puede limpiarse con mayor facilidad, inmediatamente después de su uso.

19. No use nunca una sustancia sin estar seguro de que es la indicada en la práctica, pues ello podría ocasionar un accidente.

20. Las materias sólidas inservibles, como fósforos, papel de filtro, etc., y los reactivos insolubles en agua, deben depositarse en un recipiente adecuado, y, en ningún caso, en el canal de desagüe.
21. No tire las toallas y fósforos usados al piso ni al canal de desagüe, use el recipiente usado como basurero.
22. Cuando opere con sustancias inflamables es necesario siempre, antes de abrir el frasco, de que no haya llamas próximas. Los mecheros que no se estén usando deben apagarse.
23. En caso de heridas, quemaduras, etc., informe inmediatamente a su Docente.
24. No se permitirá el uso de balanzas y equipos a personas ajenas al laboratorio o fuera del horario de su sesión experimental.

SEGURIDAD EN EL LABORATORIO

Por su seguridad y la de todos…

SIEMPRE	NUNCA
Pese los reactivos en vidrios de reloj o vasos de precipitados limpios.	Ponga los reactivos en contacto directo con el platillo de la balanza.
Use espátula de porcelana o plástico resistente, para sacar sales de frascos de reactivos.	Use espátula de acero para reactivos inorgánicos, pues su eventual corrosión contamina el reactivo.
Prepare las soluciones en vasos de precipitados, resistentes a variaciones de temperatura.	Las prepare en otro material volumétrico
Agregue soluciones concentradas de ácidos o bases que se deseen diluir, a vasos de precipitado de volumen apropiado y con agua.	Haga la operación opuesta
Caliente los tubos de ensayo dirigiendo su boca a un lugar neutro.	Observe desde arriba el calentamiento de una solución
Tome los materiales calientes usando pinzas apropiadas.	Toque objetos sin protegerse las manos, si se sospecha que estan calientes.
Trabaje bajo campana, si hay desprendimiento de vapores.	Aspire directamente vapores para identificación olfativa.
Maneje la pipeta con las manos secas y controlando el flujo con el índice.	Controle el flujo de la pipeta con el pulgar.
Encienda el fósforo antes de abrir el gas del mechero.	Encienda el mechero Bunsen, sin cerrar previamente la entrada de

	aire.
Caliente los solventes orgánicos con cocinilla eléctrica o plancha.	Acerque llamas de fósforo o mecheros de gas a solventes orgánicos.
Agite las soluciones con varilla o agitador de vidrio o plástico.	Revuelva las soluciones con la mano.

PRÁCTICA N° 1
NORMAS DE SEGURIDAD PARA EL USO DE INSTRUMENTOS ANALÍTICOS

1. OBJETIVOS

- Conocer las normas de seguridad en el uso de los diferentes instrumentos analíticos.
- Aprender las principales precauciones que debemos tener en el trabajo del laboratorio.
- Conseguir que la salud y seguridad sean parte integral en la formación profesional del estudiante.

2. FUNDAMENTO TEÓRICO

La espectroscopia de absorción atómica es un método instrumental que determina una gran variedad de elementos al estado fundamental como analitos.

a) Prácticas de Seguridad en Espectroscopia Absorción atómica.

El funcionamiento de un espectrómetro de absorción atómica puede implicar el uso de gases comprimidos, llamas y materiales peligrosos, incluyendo fluidos corrosivos y líquidos inflamables. El uso por personal no calificado, uso impropio o descuidado de este instrumento puede crear riesgos de explosión, incendio u otros peligros que pueden causar la muerte, lesiones graves al estudiante, o daños graves al equipo y propiedades.

- **Calor, gases ácidos y tóxicos**

El calor, vapores y humos generados por la llama es peligroso para al estudiante, debe ser extraído del instrumento por un el sistema de extracción de gases. Localizar la salida del sistema de tal manera que el escape no puede volver a entrar en el edificio a través de cualquier puerta, ventana, entrada de aire acondicionado, ventilador, etc. Construir el sistema de acuerdo con los códigos y reglamentos para la ventilación. El sistema de extracción de gases debe ser capaz de proporcionar una tasa de ventilación de al menos 6 metros cúbicos por minuto (200 pies cúbicos por minuto).

- **Gases comprimidos**

Todos los gases comprimidos (excepto aire) pueden crear un peligro si se filtran a la atmósfera. Incluso las pequeñas fugas en los sistemas de suministro de gas pueden ser peligroso. Cualquier fuga (excepto la del aire) puede provocar una explosión, un peligro de incendio, o dar lugar a una atmósfera deficiente en oxígeno. Tales riesgos pueden causar la muerte, lesiones graves, asfixia, efectos anestésicos y/o daños graves al equipo y materiales. Los cilindros deben ser almacenados y manipulados en estricta conformidad con las regulaciones y códigos de seguridad. Los cilindros deben ser utilizados y almacenados sólo en una posición vertical. Asegure todos los cilindros a una estructura o un soporte adecuadamente construido. La zona en la que encuentren almacenados los cilindros deben estar bien ventiladas para evitar acumulaciones tóxicas o explosivas. Mantenga fríos los cilindros. Esta regla se aplica a cada cilindro de gas comprimido. Los cilindros tienen dispositivos de alivio de presión que liberan el contenido del cilindro si la temperatura supera los 52°C. Asegúrese siempre de que se tenga el cilindro correcto antes de conectar el cilindro al instrumento.

Al suministrar aire desde un compresor, toda la humedad debe ser extraída desde el aire antes de que se suministre al módulo de control de gas, la humedad puede afectar a los componentes internos del sistema de control de gases y crear una situación potencialmente peligrosa. Utilice sólo los reguladores aprobados y conectores de manguera. Recuerde que para las conexiones del cilindro, los accesorios de rosca izquierda se utilizan para combustible; accesorios de rosca a la derecha se utilizan para los gases de apoyo. Al final de la jornada de trabajo, asegúrese siempre de cerrar las válvulas de los cilindros de gases.

3. PROCEDIMIENTO EXPERIMENTAL

INSTRUMENTAL ANALÍTICA
a) Cromatógrafo de gases:

- Todo equipo, cuyo funcionamiento implique la emisión un foco de calor, debe estar ubicado en un lugar con una adecuada ventilación.
- El circuito debe ser cerrado, conectando la salida del divisor de flujo del inyector de capilares y de los detectores no destructivos al exterior.
- Uso de equipo de protección individual cuando sea necesario.

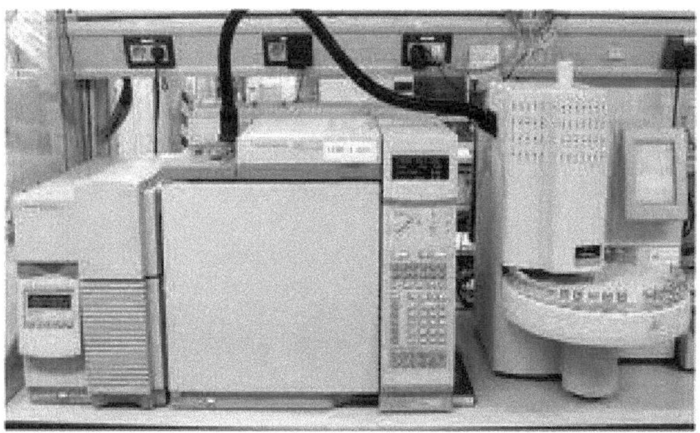

Figura 1: Cromatógrafo de gases acoplado con espectroscopia de masas.

b) Cromatógrafo de líquidos de alta resolución:

- Las operaciones de trasvase de líquidos deben realizarse con guantes adecuados.
- El material de vidrio utilizado en las operaciones al vacío debe ser suficientemente resistente.

Figura 2: Cromatógrafo de líquidos de alta resolución.

c) Espectrofotómetro de absorción atómica:

Posibles riesgos asociados:
- Desprendimiento de vapores irritantes y corrosivos
- Quemaduras químicas (manipulación de ácidos concentrados)
- Quemaduras térmicas (contacto con la llama, horno de grafito, etc)
- Fugas de gases (por ejemplo: acetileno, óxido nitroso, etc)
- Radiaciones UV

¿Cómo evitar y/o controlar estos riesgos?
- Usar un equipo de extracción localizada sobre la llama y ventilación general en la nave.

- Las digestiones ácidas deben realizarse bajo vitrina.
- Usar equipo de protección individual adecuado (guantes, lentes de seguridad, etc.).
- La manipulación de gases como acetileno (entre otros), debe hacerse siguiendo las recomendaciones indicados por el docente.
- Evitar el contacto visual con la llama o las lámparas utilizadas.

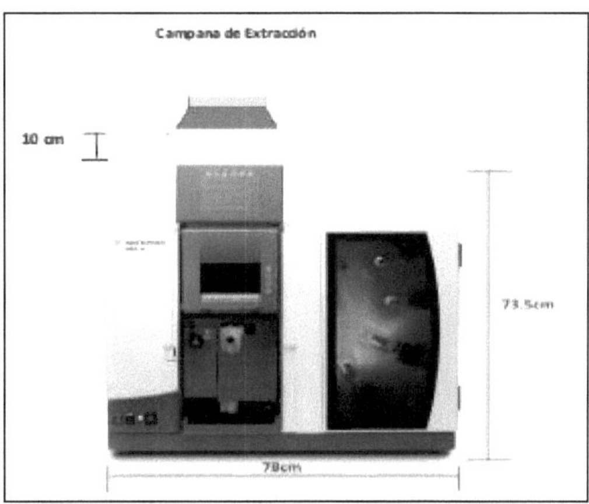

Figura 3: Espectroscopia de absorción atómica Agilent AA240

d) Espectrofotómetro UV-Visible e infrarrojo, flourímetro, etc.:

- Emplear gafas de seguridad frente a radiaciones UV e infrarrojas.
- Evitar el contacto de las radiaciones con la piel.
- En caso de formación de Ozono (gas tóxico detectable por el olfato), utilizar un equipo de protección respiratorio adecuado (con filtro de carbón activo) y avisar al responsable del laboratorio.

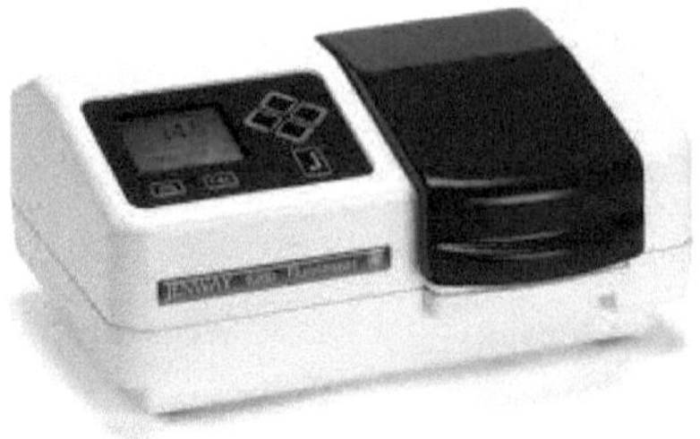

Figura 4: Espectrofotómetro de fluorescencia.

e) Instalaciones de Rayos LASER:

- La zona debe estar perfectamente señalizada.
- Establecer normas de trabajo seguras.

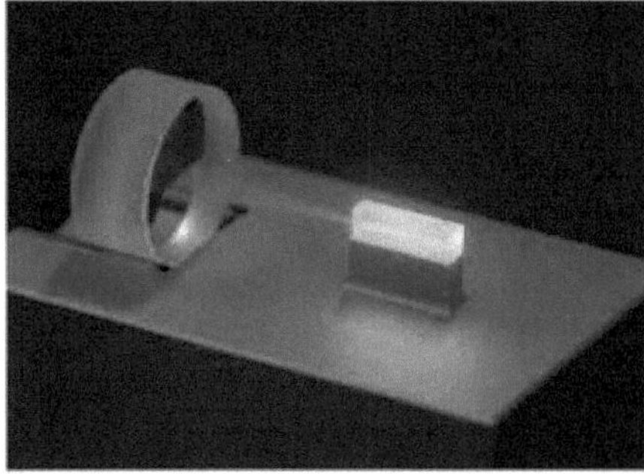

Figura 5: Equipos que emiten radiaciones laser.

f) Instalaciones de radiaciones ionizantes:

- El área afectada debe estar debidamente señalizado y con control de acceso.
- Uso de dosimetría individual y ambiental.
- Seguimiento de los límites anuales de dosis.
- Vigilancia médica
- Utilización de equipos de protección adecuados.

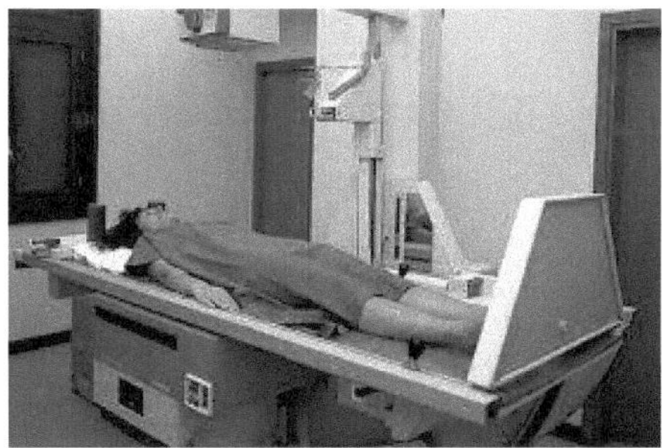

Figura 6: Equipos que emiten radiaciones ionizantes

4. Cuestionario.

A) Investigue cuantas clases de equipos de absorción atómica existen.

B) Dé el nombre de los instrumentos usados para determinación de metales pesados, separación de contaminantes orgánicos.

C) ¿Cuáles son los equipos de protección personal que se usa al trabajar con el equipo de absorción atómica?

D) ¿Por qué es necesario el uso de dichos equipos de protección personal?

PRÁCTICA N° 2

EVALUACIÓN DEL RUIDO, VELOCIDAD DEL VIENTO Y LA INTENSIDAD DE LUZ EN LAS INSTALACIONES DE LA UNIVERSIDAD

1. OBJETIVOS:

- Aprender a utilizar los principales instrumentos de medida directa como el sonómetro, anemómetro y luxómetro.
- Analizar, describir y valorar niveles ambientales de ruido, intensidad de luz y velocidad del viento.
- Analizar las mediciones realizadas para evaluar los niveles de ruido e intensidad de luz en cada una de las áreas de acuerdo a la normativa vigente.
- Proponer alternativas de mejora, atenuación, en caso de que se presenten condiciones desfavorables en el recinto estudiado.
- Realizar los cálculos respectivos de tratamiento estadístico de resultados obtenidos en las diferentes áreas trabajadas.

2. FUNDAMENTO TEORICO

Intensidad de luz:

La intensidad de la luz o luminosidad (flujo luminoso) indica la cantidad de luz producida por una lámpara. En materias de alumbrado que emiten luz todos los aspectos, el flujo luminoso se especifica en el lumen (lm). En las lámparas reflectoras, que emiten luz enfocada en una dirección, la intensidad de la luz de ciertos ángulos de haz se da en candela (cd). El flujo luminoso nominal denota un valor numérico para la identificación de la fuente luminosa, el flujo luminoso nominal del valor medida.

¿Cómo se mide la luz?

Las fuentes de luz, como los filamentos de un foco, emiten luz en todas direcciones. Efectivamente, estos filamentos están en el centro de una esfera que irradia luz (es por esto que las unidades de medida de la luz hacen referencia al Estereorradián). El flujo luminoso es la medida de la potencia luminosa percibida.

La unidad fundamental de la luz es la candela, nominalmente la luz emitida por una vela, o precisamente, "una fuente que emite una radiación monocromática de frecuencia 540×10^{12} Hertz y cuya intensidad energética en dicha dirección es de 1/683 watt por estereorradián". Una candela por estereorradián se denomina un lumen, que es la medida de intensidad de luz con la que la gente está más familiarizada, sin embargo, lo que más importa en términos de medición de intensidad de la luz es el número de lúmenes que caen sobre una superficie, que se expresa como lux, así que un lux es un lumen por metro cuadrado, relacionando el brillo a la distancia desde la fuente. (En los EE.UU. es común expresar la intensidad de la luz en la unidad de Foot-Candles o Pie-velas, que equivale a un lumen por pie cuadrado).

En resumen, mientras que la luz se expresa en lúmenes, la intensidad de la luz se mide en lúmenes por metro cuadrado o lux.

Velocidad del viento:

Se llama dirección del viento el punto del horizonte de donde viene o sopla. El instrumento más antiguo para conocer la dirección de los vientos es la veleta que, con la ayuda de la rosa de los vientos, define la procedencia de los vientos, es decir, la dirección desde donde soplan. Para distinguir uno de otro se les aplica el nombre de los principales rumbos de la brújula. Los cuatro puntos principales corresponden a los cardinales: Norte (N), Sur (S), Este (E) y Oeste (W). Se consideran hasta 32 entre estos y los intermedios, aunque los primordiales y más usados son los siguientes con su equivalencia en grados del azimut.

Evaluación del ruido:

El ruido interfiere en la actividad de las personas, en sus hogares, en el trabajo, en un centro educativo, en la industria, en las calles, carreteras, etc. El ruido es perjudicial para la salud y bienestar, debido a que causa problemas fisiológicos y psicológicos, interrumpe el sueño, molesta, pone a la gente de mal humor, interrumpe la comunicación entre personas y afecta negativamente el desempeño y el rendimiento. Todos efectos se suman para contribuir al detrimento de la calidad de vida de las personas y del medio ambiente.
El ruido siempre ha sido un problema ambiental para el hombre. Ya en la antigua Roma existían reglamentaciones para controlar el ruido emitido por las ruedas recubiertas en hierro de las carretas al rodar sobre el empedrado. En la época medieval, no se permitía circular durante la noche a los carros tirados por caballos, para no incomodar el sueño de los habitantes.

La contaminación acústica es considerada por la mayoría de la población de las grandes ciudades como un factor medioambiental muy importante, que incide de forma principal en su calidad de vida. La contaminación ambiental urbana o ruido ambiental es una consecuencia directa no deseada de las propias actividades que se desarrollan en las grandes ciudades.

Tipos de ruido

- **Ruido Continuo:** Se presenta cuando el nivel de presión sonora es prácticamente constante durante el periodo de observación (a lo largo de la jornada de trabajo). Por ejemplo: el ruido de un motor eléctrico.
- **Ruido Intermitente**: En el que se producen caídas bruscas hasta el nivel ambiental de forma intermitente, volviéndose a alcanzar el nivel superior. El nivel superior debe mantenerse durante más de un segundo antes de producirse una nueva caída. Por ejemplo: el accionar un taladro.
- **Ruido de Impacto**: Se caracteriza por una elevación brusca de ruido en un tiempo inferior a 35 milisegundos y una duración total de menos de 500 milisegundos. Por ejemplo, arranque de compresores, impacto de carros, cierre o apertura de puertas.

Características del ruido

- Es complejo de medir y cuantificar.
- No deja residuos, no tiene un efecto acumulativo en el medio, pero si puede tener un efecto acumulativo en el hombre.
- No se traslada a través de los sistemas naturales.
- Se percibe solo por un sentido: el oído, lo cual hace subestimar su efecto; (esto no sucede con el agua, por ejemplo, donde la contaminación se puede percibir por su aspecto, olor, tacto y sabor).
- Se trata de una contaminación localizada, por lo tanto, afecta a un entorno limitado a la proximidad de la fuente sonora
- Los efectos perjudiciales, en general, no aparecen hasta pasado un tiempo largo, es decir, sus efectos no son inmediatos.
- A diferencia de otros contaminantes es frecuente considerar el ruido como un mal inevitable y como el resultado del desarrollo y del progreso.

Nivel de presión acústica o Nivel sonoro (NPS)

El desplazamiento del sonido a través del aire produce una variación de la presión en el medio que es percibido por el oído. A la intensidad con que se produce esta variación se le llama nivel de presión acústica y es también la relación logarítmica entre la presión sonora y una presión de referencia que se expresa como una unidad dimensional de energía o decibeles (dB).

NPS = Nivel de presión sonora en dB

NPS = 20 log (P/Po).

Donde:

P = Presión sonora en µbar.

Po = Presión de referencia. 0,0002 µbar ($2x10^{-5}$ Nm^2) (umbral de audición humana).

Microbar = (µbar) $\cong$ es una millonésima de presión de una (1) atmósfera.

El nivel de presión sonora tiene la ventaja de ser una medida objetiva y bastante cómoda de la intensidad del sonido, pero tiene la desventaja de que está lejos de representar con precisión lo que realmente se percibe. Esto se debe a que la sensibilidad del oído depende fuertemente de la frecuencia.

3. EQUIPOS Y MATERIALES

- Huincha.
- Cronómetro.
- GPS
- Sonómetro.
- Luxómetro
- Anemómetro

4. PROCEDIMIENTO EXPERIMENTAL
- Conocer las medidas de seguridad que esta práctica exige.

- Realizar la calibración de los equipos a utilizarse.
- Se comunicará a las personas presentes (y en su caso a los responsables) la acción que se pretende realizar, recabando su permiso y colaboración. Se procurará interferir al mínimo su actividad, así como no crear situaciones de potencial peligro, ni de cambio del ruido.
- Observar minuciosamente las condiciones del emplazamiento o lugar que se va a estudiar y tomar nota atenta de estas, si es posible mediante esquema.
- Se identificarán las fuentes del ruido, sean permanentes u ocasionales. Señalarlas en el plano. Describirlas en el informe.
- Ubicar el Sonómetro, anemómetro y luxómetro dentro del área, o lo más cerca posible, encender y tomar la mayor cantidad de lecturas arrojadas por el aparato de medición (realice mediciones por periodos de 30 s) de acuerdo al siguiente formato:

Tabla 1: Ejemplo de tabla para toma de datos para ruido

LECTURA	NIVEL DE RUIDO (dB)		
	Sala de estudio	**Biblioteca**	**Estacionamiento**
1			
2			
3			
4			
5			
6			
7			
..			
n			

- Realizar los cálculos correspondientes de aceptación y rechazo de datos utilizando la T de student y Grubb.

- Se deberán calcular la media, mediana, moda y la desviación estándar para evaluar que tan buenos son los datos obtenidos.

- Si la desviación estándar es menor al 5% de la media, se puede utilizar el valor de la media como medida encontrada en el lugar o área de medición.

- Si la relación porcentual entre la media y la desviación no se cumple se deberá evaluar posibles fuentes de error como datos atípicos y eliminarlos. Si el problema persiste, los datos pueden estar mal tomados o puede darse la posibilidad, que en una misma área las condiciones de ruido varían de manera drástica.

- Determinar el tiempo promedio de exposición de la persona/trabajador a dicho nivel de ruido.

- Realizar el análisis de la información recolectada en el estudio y proponer las debidas recomendaciones para el mejoramiento de las condiciones del área evaluadas.

PRÁCTICA N° 3
RECONOCIMIENTO DE PARTES DEL EQUIPO DE ABSORCIÓN ATÓMICA

1. OBJETIVOS

- Conocer las diferentes partes de un espectrofotómetro de absorción atómica (EAA de la marca Agilent Technologies, modelo 240FS).
- Observar las características y operación de cada una de las partes.
- Realizar los pasos de encendido y apagado del equipo de absorción atómica.

2. FUNDAMENTO TEÓRICO

El uso analítico de un equipo de absorción atómica exige que se encuentre calibrado con la mayor eficiencia para producir la máxima absorbancia de la radiación electromagnética. Por tanto, la preparación y el uso de los estándares de calibración deben realizarse con precisión.

Finalmente, la evaluación de los resultados se realiza con los datos obtenidos después del análisis. Los criterios estadísticos son necesarios para comprender el significado de los datos obtenidos y por tanto para imponer limitaciones a cada paso del análisis. El diseño de experimentos en instrumentación (incluyendo el tamaño de la muestra necesaria, la exactitud de las mediciones, el número de análisis que deben efectuarse, etc.), se determina al comprender el significado de los datos analíticos.

3. PROCEDIMIENTO EXPERIMENTAL

La realización de esta práctica está constituida de dos partes:

A) Manejo y operación: Calibración del EAA

a) Reconocimiento de componentes auxiliares del espectrofotómetro:

- Compresora de aire.

- Balón de acetileno y óxido nitroso.

- Línea de flujo de gases, filtros manómetros, etc.

- Extractor de gases de combustión.

- Sistema de drenaje.

b) Identificar en el instrumento de AA las tres áreas específicas y sus componentes principales:

- Fuente luminosa.

- Celda de muestreo.

- Sistema óptico y electrónico.

c) Armar y desarmar la cámara de premezcla, fijando el cabezal, dispersor de soluciones, nebulizador, entradas de aire, gas auxiliar, el drenaje.

d) Reconocimiento y función de cada uno de los controles del monocromador y de la caja de gases de combustión. Identificación y función de cada tecla del microprocesador, así como los controles de operación instrumental.

B) Operación analítica y optimización:

La alta precisión de los resultados exige disponer un instrumento altamente optimizado, ello se logra calibrando con un estándar de cobre de 5 ppm.

a) Encendido.

- Verificar que las llaves del combustible y el oxidante estén abiertos.

- Comprobar la presión en el manómetro del gas acetileno que sea superior a 100 Psi.

- Presionar el botón de encendido ON para encender el equipo.

- Prender la computadora e ingresar al software con el que trabaja el equipo de absorción atómica.

b) Ajuste del nebulizador

- Aspirar el estándar de cobre, con el capilar dentro de él, aflojar el anillo de seguridad y gire ligeramente la perilla del nebulizador en sentido opuesto a las agujas del reloj, hasta que la solución burbujee.
- Sin sacar el capilar, ajustar lentamente la perilla en sentido horario hasta obtener máxima absorbancia.

c) Apagado.

- Apagar las lámparas de trabajo y cerrar la ventana del software con el que trabaja el equipo de absorción atómica.
- Apagar el monitor y el CPU de la computadora.
- Presionar el botón de apagado OFF para apagar el equipo de absorción atómica.
- Verificar las llaves del combustible y el oxidante estén cerrados.
- Purgar la compresora.

4. CUESTIONARIO

a. Realice una breve descripción de los siguientes componentes del instrumento: Fuente de energía, Cabezal, Cámara de premezcla.

b. Realizar Los pasos de apagado y encendido del equipo de absorción atómica

c. ¿Ud. Cree que se podría utilizar el cabezal de 5 cm con llama aire/acetileno para la operación analítica y optimización del equipo? Fundamente su respuesta.

d. Identificar todos los componentes del equipo de AA mostrados por el profesor en las figuras siguientes:

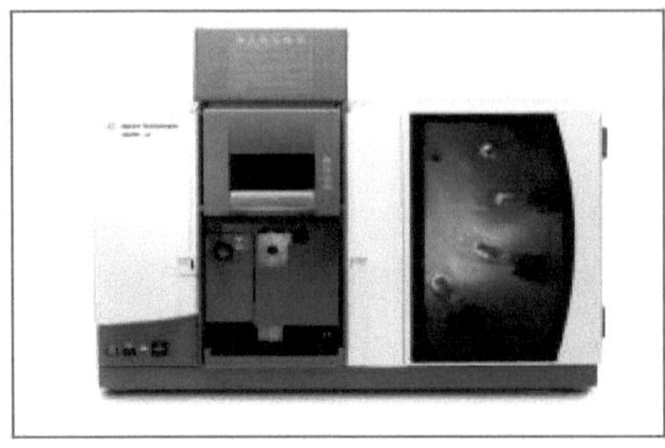

Figura 1: Espectrofotómetro Agilent Technologies 240-FS.

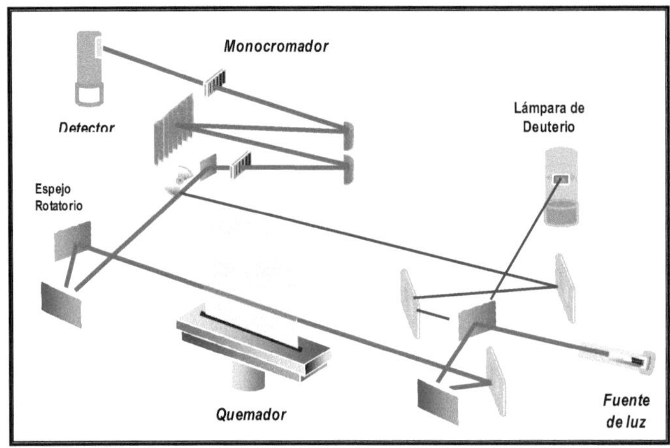

Figura 2: Esquema óptico del Agilent Technologies 240–FS.

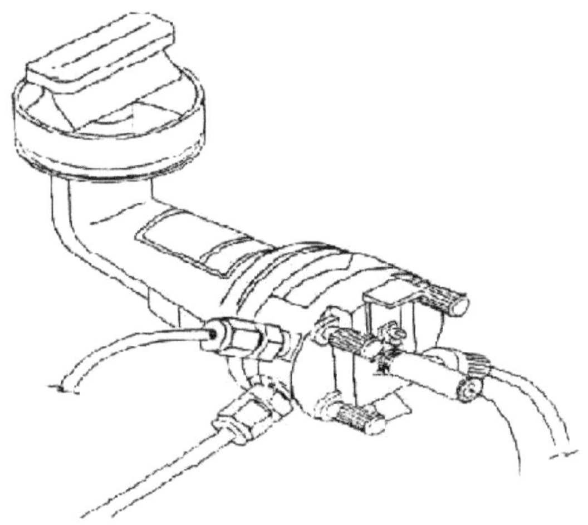

Figura 3: Atomizador EAA Perkin Elmer

Figura 4: Atomizador con tornillos de ajuste vertical, horizontal y rotacional.

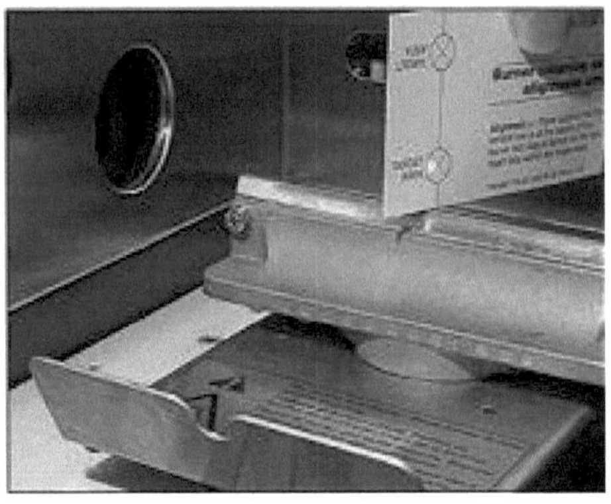

Figura 5: Manera de localizar el haz de luz sobre el quemador.

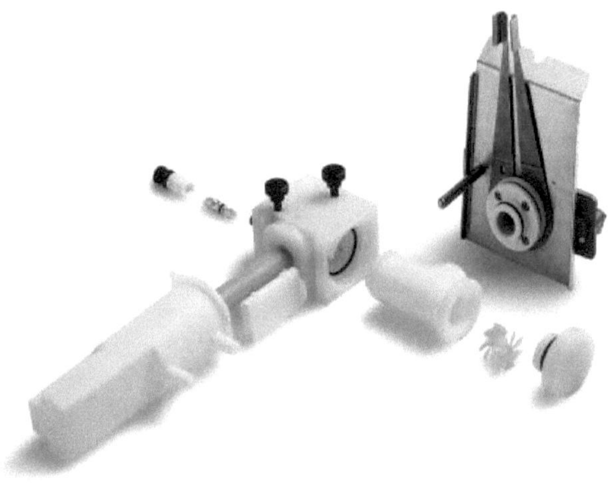

Figura 6: Componentes del sistema de atomización del EAA, Agilent Technologies 240–FS.

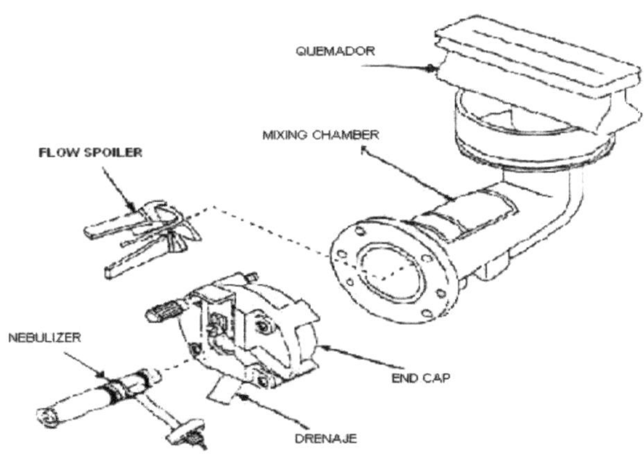

Figura 7: Partes principales del atomizador, Perkin Elmer.

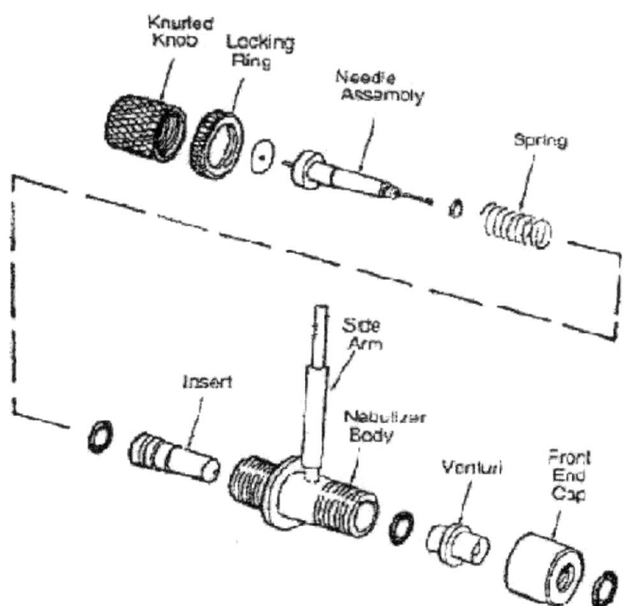

Figura 8: Ensamblaje del nebulizador, Perkin Elmer

PRÁCTICA N° 4
PREPARACIÓN DE ESTÁNDARES

1. OBJETIVOS

- Realizar los cálculos para la preparación de estándares.
- Preparar los estándares para la optimización del espectrofotómetro de absorción atómica (Agilent FS-240)
- Familiarizarse con los materiales para la preparación de estándares.

2. FUNDAMENTO TEÓRICO

El uso analítico de un equipo de absorción atómica exige que se encuentre calibrado con la mayor eficiencia para producir la máxima absorbancia de la radiación electromagnética. Por tanto la preparación y el uso de los estándares de calibración deben realizarse con precisión.

Finalmente, la evaluación de los resultados se realiza con los datos obtenidos después del análisis. Los criterios estadísticos son necesarios para comprender el significado de los datos obtenidos y por tanto para imponer limitaciones a cada paso del análisis. El diseño de experimentos en instrumentación (incluyendo el tamaño de la muestra necesaria, la exactitud de las mediciones, el número de análisis que deben efectuarse, etc.), se determina al comprender el significado de los datos analíticos. La función de la llama consiste en convertir el aerosol de la muestra en un vapor atómico el cual luego puede absorber la luz de la fuente primaria (lámpara de cátodo hueco o lámpara de descarga de electrones).

Concentración molar (M)

La concentración molar o molaridad" representada por la letra M, se define como la cantidad de soluto (expresada en moles) por litro de disolución, o por unidad de volumen disponible de las especies:

$$M = \frac{n}{V} = \frac{m}{PM} * \frac{1}{V}$$

Dónde: n es la cantidad de soluto en moles, m es la masa de soluto expresada en gramos, PM es la masa molar expresada en g/mol, y V el volumen en litros de la disolución.

Dilución de Soluciones Concentradas

La dilución, es la reducción de la concentración de una sustancia química en una disolución.

La dilución consiste en rebajar la cantidad de soluto por unidad de volumen de disolución. Se logra adicionando más diluyente a la misma cantidad de soluto: se toma una poca porción de una solución alícuota y después esta misma se introduce en más disolvente.

Esto se deduce al pensar que tanto la disolución en un principio como al final contará con la misma cantidad de moles. Por definición mol (m) es:

$$m = C_1 * V_1$$

Que se despeja desde la concentración molar (M):

$$M = \frac{n}{V}$$

Bajo esta lógica (que la cantidad de moles iniciales será igual a la cantidad de moles finales), se puede deducir que:

$$m_{inicial} = C_{inicial} * V_{inicial}$$
$$m_{final} = C_{final} * V_{final}$$

Pero:

$$m_{inicial} = m_{final}$$

Por lo tanto:

$$C_{inicial} * V_{inicial} = C_{final} * V_{final}$$

Donde:

$C_{inicial}$: Concentración inicial en partes por millón.

$V_{inicial}$: Volumen inicial de la disolución en mililitros.

C_{final}: Concentración final en partes por millón.

V_{final}: Volumen final de la disolución en mililitros.

3. MATERIALES Y REACTIVOS

- 20 mL de estándar de Cu de 1000 ppm.
- Agua destilada.
- 1 pipeta volumétrica de 10 mL.
- 1 pipeta volumétrica de 20 mL.
- 2 vasos de precipitado de 50 mL.
- 3 fiolas de 200 mL.

4. PROCEDIMIENTO EXPERIMENTAL

Preparación de estándares.

Para realizar la dilución del patrón revisar la preparación de soluciones por dilución de química inorgánica, utilizando la siguiente fórmula básica para los cálculos:

$$C_1 * V_1 \;=\; C_2 * V_2$$

Donde:

V_1 = Volumen por tomar de la solución estándar (patrón).

C_1 = 1000 ppm, concentración de la solución estándar.

V_2 = Volumen de la solución intermedia.

C_2 = Concentración de la solución intermedia.

- Preparar soluciones de 2, 5 y 10 ppm de un elemento determinado por el profesor. También un blanco.

Patrones

Para cada elemento preparar fiolas limpios y secos de 200 mL.

COBRE (Cu):

- Solución base de 100 ppm. – Tomar una alícuota de 20 mL de la solución de 1000 ppm y aforar a 200 mL.

- Solución de 2 ppm.- Tomar una alícuota de 4 mL de solución de 100 ppm y aforar a 200 mL.

- Solución de 5 ppm.- Tomar una alícuota de 10 mL de solución de 100 ppm y aforar a 200 mL.

- Solución de 10 ppm.- Tomar una alícuota de 20 mL de solución de 100 ppm y aforar a 200 mL.

5. CUESTIONARIO

4.1. La concentración de HCl comercial concentrado es de 36% (m/m). su densidad es de 1.18 g/mL. Con esta información, calcúlese (a) la molaridad del HCl concentrado (b) la masa y el volumen en mL de la disolución que contenga 0.315 mol de HCl.

4.2. La densidad del amoniaco concentrado, que es NH_3 al 28% (m/m), es de 0,809 g/ml. ¿Qué volumen de este reactivo hay que diluir a un litro para obtener una disolución 0,036 m de NH_3?

4.3. Preparar una solución de 250 mL de 100 ppm (solución de trabajo), a partir de la solución stock estándar (1000 ppm en Pb). De esta solución preparar soluciones diluidas por ejemplo de 1.0; 5.0; 10.0 y 20.0 ppm de Pb en volúmenes de 100 mL.

PRÁCTICA N° 5
OPTIMIZACIÓN DEL EQUIPO DE ABSORCIÓN ATÓMICA Y EMISIÓN ATÓMICA

1. OBJETIVOS

- Usar los estándares preparados para la optimización del espectrofotómetro de absorción atómica emisión atómica (Agilent FS-240)
- Crear la hoja de trabajo en el software SpectrAA para el elemento cobre y sodio.
- Optimizar la lámpara de Cátodo hueco de cobre para absorción atómica.
- Centrar y optimizar el haz de luz generado por la lámpara de cobre para absorción atómica.

2. FUNDAMENTO TEÓRICO

El uso analítico de un equipo de absorción atómica exige que se encuentre calibrado con la mayor eficiencia para producir la máxima absorbancia de la radiación electromagnética. Por tanto, la preparación y el uso de los estándares de calibración deben realizarse con precisión.

Se examinan los componentes de un espectrofotómetro de absorción atómica en su modalidad absorción por llama, su puesta a punto y los factores que afectan los resultados analíticos. Se preparará una curva de calibración para cobre o hierro y se analizarán los criterios de elección de la línea espectral de trabajo, tipo de llamas, relación combustible-oxidante, basada en el "manual del equipo de absorción atómica". Se compara con las características de un fotómetro de llama de filtro sencillo (emisión atómica) mediante el cual se efectúan mediciones de K^+ o Na^+.

3. MATERIALES, EQUIPOS Y REACTIVOS.

- Equipo de absorción atómica, equipado con una computadora y un software SpectrAA.
- Lámpara de cobre.
- Equipo de Emisión atómica, equipado con una computadora y el software SpectrAA.
- Estándar de cobre de 5 ppm.
- Estándar de sodio de 10 ppm.
- Agua destilada.
- 1 vaso de precipitado de 100 mL.

4. PROCEDIMIENTO EXPERIMENTAL

a) **Creación de la hoja de trabajo para el elemento asignado en el software SPECTRAA.**
b) **Procedimiento para Absorción Atómica.**

- Optimización del instrumento con una solución de Cu 5.0 mg/L (*optimizar*).
- Realización de una curva de calibración para Cu o Fe
- Registro manual de valores de absorción, cálculo de la curva de calibración.
- Determinación de la concentración de una muestra desconocida (vino), determinación de parámetros de calidad analíticos.

c) Pasos de optimización de las condiciones de operación del instrumento para AA

- Ingreso de los parámetros de trabajo al instrumento: [SPECTRAA]
- Instalación, encendido y alineación de la lámpara de cátodo hueco para Cu o Fe, ajuste de slit (ranura de selección del ancho de la banda de longitud de onda del monocromador) y longitud de onda de trabajo.
- Encendido y optimización de la llama
- Chequeo de la optimización mediante la concentración característica (*optimizar*)

d) Procedimiento para Emisión Atómica

- Familiarización con el equipo, similitudes y diferencias con EAA
- Preparación de una curva de calibración de Na, y sus limitaciones, análisis y medición de una solución de concentración conocida, cálculo de parámetros de calidad analítica.
- Se puede efectuar una medida de la radiación emitida mediante el mismo equipo de Absorción Atómica (se apaga la lámpara de cátodo hueco).

e) Manejo del Equipo Agilent Tecnologies 240 FS.

- Especificaciones técnicas.
- Requisitos de inicio.
- Pasos previos al encendido.
- Encendido del equipo.
- Creación de hojas de trabajo en el software de SpectrAA.
- Optimización del equipo.

f) Alineamiento del quemador.

- Elevar el cabezal del quemador con la perilla de movimiento vertical, hasta que dé alguna absorbancia en la pantalla, o con ayuda de la tarjeta centrar la luz.
- Bajar el cabezal con la misma perilla hasta que esté debajo del haz de luz (hacer 0.000 Abs).
- Enviar al fondo o adelante con la perilla del movimiento horizontal.
- Encender la flama con el botón negro.
- Aspirar el estándar de Cu y ajustar la posición del cabezal, moviendo las perillas de ajuste frontal y rotacional, hasta obtener la máxima absorbancia.

g) Ajuste del nebulizador

- Aspirar el estándar de cobre, con el capilar dentro de él, aflojar el anillo de seguridad y gire ligeramente la perilla del nebulizador en sentido opuesto a las agujas del reloj, hasta que la solución burbujee.
- Sin sacar el capilar, ajustar lentamente la perilla en sentido horario hasta obtener máxima absorbancia.

h) Apagado.

5. Cuestionario.

A) Mencionar las especificaciones técnicas del espectrofotómetro de absorción atómica Agilent Tecnologies modelo 240 FS.

B) Mencionar los principales requisitos que hay que considerar antes del encendido del equipo de absorción atómica.

PRÁCTICA N° 6
CALIBRACIÓN ORDINARIA DE ABSORCIÓN ATÓMICA Y EMISIÓN ATÓMICA

1. OBJETIVOS

- Calibrar el equipo de absorción atómica, con los estándares preparados de cobre y el blanco.
- Calibrar el equipo de emisión atómica, con los estándares preparados de sodio y el blanco.
- Realizar la evaluación de los resultados obtenidos en la calibración y optimización del instrumento.
- Aprender a utilizar el software SPECTRAA con la que trabaja el equipo de absorción atómica.

2. FUNDAMENTO TEÓRICO

La técnica de absorción atómica en flama consiste en lo siguiente: la muestra en forma líquida es aspirada a través de un tubo capilar y conducida a un nebulizador donde ésta se desintegra y forma pequeñas gotas de líquido.

Las gotas formadas son conducidas a una flama, donde se produce la desolvatación en el que se evapora el disolvente hasta producir un aerosol molecular sólido finamente dividido. Luego la disociación de la mayoría de estas moléculas produce un gas que origina la formación de átomos. Estos átomos absorben cualitativamente la radiación emitida por la lámpara y la cantidad de radiación absorbida está en función de su concentración.

La señal de la lámpara una vez que pasa por la flama llega a un monocromador, que tiene como finalidad el discriminar todas las señales que acompañan la línea de interés.

Esta señal de radiación electromagnética llega a un detector o transductor y pasa a un amplificador y finalmente a un sistema de lectura.

3. MATERIALES, EQUIPOS Y REACTIVOS.

- Equipo de absorción atómica, equipado con una computadora y un software SpectrAA.
- Lámpara de cobre.
- Equipo de Emisión atómica, equipado con una computadora y el software SpectrAA.
- Estándar de cobre de 0.2 ppm, 1ppm, 2 ppm; 3 ppm, 4 ppm y 5 ppm.
- Estándar de sodio de 10 ppm, 20 ppm, 40 ppm, 80 ppm y 100 ppm.
- Agua destilada.
- 2 vasos de precipitado de 100 mL.

4. PROCEDIMIENTO EXPERIMENTAL

A) Curva de calibrado ordinaria para Absorción Atómica

- Con una solución de Cu de 5 mg/L optimice la calibración del instrumento (posición de mechero, flujo de aspiración, tipo de llama) para este elemento. Con esta solución característica (*optimizar*) se espera una señal aproximada a 0.3 unidades de absorbancia a 324.8 nm en condiciones óptimas.
- El estudiante puede determinar de esta manera si los parámetros instrumentales se han optimizado y si el instrumento está funcionando de acuerdo a las especificaciones. Para Fe se debe repetir este proceso con una concentración característica de 5 mg/L.
- A partir de la solución stock de 100 mg/L de Cu^{++} (o Fe^{++}) prepare soluciones que contienen 0.2 hasta 5 mg/L Cu (o Fe), por dilución en matraces aforados de 50mL.

- Genere una curva de calibración, leyendo secuencialmente los patrones preparados, registre los valores de absorbancia y determine la curva de calibración manualmente. (calculadora o computador).
- Lea las muestras, obtenga la concentración de la muestra.
- Realice la medición de las muestras en triplicado, calcule la concentración y estadígrafos.
- Considere las diluciones efectuadas para su informe.

Condiciones de operación para cobre:

- Longitud de onda $= 324.8\ \text{nm}$.
- Slit $= 0.7$.
- Corriente de lámpara $= 10\ \text{mA}$.
- Llama $= \text{aire} - \text{acetileno}$.
- Mechero recto.

B) **Curva de calibración ordinaria para Emisión Atómica:**

- A partir de la solución stock de 100 mg/L de K^+ (o Na^+) prepare soluciones patrón entre 10 hasta 100 ppm K^+, (o Na^+) por dilución, en matraces aforados de 50mL , incorporando un 10% de etanol antes de enrasar.
- Encendido y optimización de la llama según instrucciones, y selección del elemento a medir.
- Calibración (escala arbitraria), ajuste del 0 aspirando solución blanco y 100 para la solución patrón más concentrado con el control de sensibilidad.
- Grafique los datos intensidad emisión Vs. concentración.
- ¿Esta relación es lineal?, ¿se podría considerar lineal en un cierto rango? ¿Cómo ajusto una curva no lineal para interpolar la lectura de una muestra con el menor error posible?

- Mida una solución de K^+ (o Na^+) de concentración conocida y calcule su concentración interpolando en la curva.
- Determine los estadígrafos de calidad analítica.
- Considere las diluciones efectuadas para su informe.

C) Estudio de Parámetros Instrumentales y Calibración:

- Colocar la lámpara, slit, longitud de onda y finalmente optimizar el instrumento.
- Leer las absorbancias de los estándares de calibración. Anotar
- Con la perilla para ajustar la altura del quemador, elevar éste para que el rayo de luz pase justamente por encima del mismo (base de llama). Usar blanco para calibración del cero del instrumento y después medir la absorbancia de la solución. Bajar el quemador y anotar la absorbancia en cada altura.
- Realizar el mismo ajuste con el control horizontal del quemador. Desalinear el quemador y luego llevar el cabezal hacia atrás. Anotar la absorbancia en cada posición.
- Manteniendo constante la presión del aire reajustar la presión del combustible en incrementos (indicados en el caudalímetro del instrumento). Comenzando con una llama rica en combustible hasta una llama pobre en combustible. Elegir la presión óptima del combustible y variar la presión del aire de manera similar.

5. CUESTIONARIO

a) Graficar la curva de calibración del elemento: ABS vs CONC. E Int. Vs CONC. Determine la pendiente de la recta de calibración. Observar la linealidad de la curva de calibración.

b) Anexar los parámetros instrumentales de los principales metales que contaminan el medio ambiente.

c) ¿Qué es la "autoabsorción" y cuál es su efecto en la emisión atómica?

d) ¿Cuál de ambas técnicas, Absorción atómica o emisión atómica, presentaría una mayor sensibilidad analítica? Explique basándose en aspectos teóricos.

e) En el espectrofotómetro de absorción atómica la radiación proveniente de la lámpara de cátodo hueco es absorbida parcialmente por los átomos del analito en la muestra. La disminución de intensidad de una determinada longitud de onda de esta radiación es interpretada como absorbancia. Sin embargo, los átomos que absorbieron energía y pasaron a un estado excitado vuelven rápidamente al estado basal emitiendo radiación con el mismo espectro, produciéndose una mezcla de radiación absorbida y emitida. ¿Cómo discrimina el instrumento entre ambas radiaciones?

PRÁCTICA N° 7
EVALUACIÓN DEL RENDIMIENTO INSTRUMENTAL EN ABSORCIÓN ATÓMICA: SENSIBILIDAD Y LÍMITE DE DETECCIÓN

1. OBJETIVOS

- Aprender la determinación práctica de la sensibilidad y el límite de detección para absorción atómica.
- Evaluar el error involucrado en dicha evaluación.
- Estimar el límite de detección de técnicas instrumentales.

2. FUNDAMENTO TEÓRICO

El conocimiento de la sensibilidad esperada, permite al analista determinar si las condiciones instrumentales están optimizadas. El límite de detección, incorpora consideraciones tanto el tamaño de la señal como del ruido de la línea base, indicando de esta manera la concentración más baja que puede ser medida.

Todas las técnicas instrumentales son limitadas por la sensibilidad y el límite de detección. Los valores de estos parámetros para determinadas condiciones instrumentales, son generalmente dados para un instrumento. La técnica utiliza los conceptos instrumentales diferentes para cuantificar hasta que los niveles de concentración pueden analizarse cada uno de los diferentes elementos.

A. SENSIBILIDAD.

Es una medida del factor de respuesta del instrumento como una función de la concentración. Normalmente se mide como la pendiente de la curva de calibración. Como valor se puede reportar el promedio para las curvas obtenidas en los ensayos de estandarización y en la medición de muestras, indicando su desviación estándar.

La sensibilidad se define como la concentración que hay que introducir a un equipo de absorción atómica para que ésta produzca una señal con una intensidad del 1% de absorción, es decir es una escala de absorción comprendida entre 0% y 100%, la sensibilidad será aquella concentración capaz de producir una amplitud del 1% correspondiente al valor más pequeño que podemos medir con exactitud.

Para convertir absorción en absorbancia.

$$1\%\ ABSORCIÓN \;=\; \log\frac{100}{99} \;=\; 0.0044\,U.A.$$

De ahí que la sensibilidad se define:

$$Sensibilidad = \frac{Conc.st*0.0044}{Abs\ St.media}$$

B. LÍMITE DE DETECCIÓN

Es la concentración mínima que pueda ser medida con una exactitud y una precisión aceptables. De modo que las probabilidades que se presenten errores de tipo I (falso positivo) y tipo II (falso negativo) sean razonablemente pequeñas.

La cantidad mínima detectable más no necesariamente cuantificable, es decir la mínima cantidad cuya respuesta es claramente diferenciable de la respuesta del blanco. Generalmente, se acepta como límite de detección a la concentración cuya respuesta es igual o superior a tres veces la respuesta del blanco.

En las evaluaciones ambientales se emplea un límite de concentración similar para establecer la existencia de una anomalía en campo. Así por ejemplo se habla de evidencia de contaminación en un punto cuando la concentración del parámetro investigado en dicho punto es superior en por lo menos tres veces a la señal de fondo. El límite de detección es la concentración que hay que introducir en el instrumento de absorción atómica para que este produzca una señal con una intensidad doble que el ruido de fondo. Entendemos por ruido de fondo las posibles fluctuaciones en las lecturas que pueda tener el instrumento por sí mismo, sobre todo al sistema de obtención de átomos al estado fundamental.

Matemáticamente el límite de detección se define

$$Límite\ detección = \frac{(Conc.St)*Desv.St}{Media}$$

La experiencia dice, que la sensibilidad representa el límite realmente práctico de concentración con que se debe trabajar en esta técnica. Si la concentración de la muestra del elemento que necesitamos determinar sospechamos pueda ser superior a su sensibilidad, lo más probable será que podemos analizarla sin dificultades.

La concentración calculada mediante la fórmula del límite de detección está considerada por todos los usuarios de esta técnica como un término puramente ACADÉMICO, puesto que no resulta fácil ni sencillo el trabajar rutinariamente a estos niveles de concentración.

Todos los fabricantes recomiendan trabajar como mínimo a niveles de concentración a unas 100 veces superior al límite de detección, lo cual equivale con toda exactitud a los valores de sensibilidad.

3. MATERIALES, EQUIPOS Y REACTIVOS

- Solución de Cu 0.50 ppm, 50 mL.
- Solución de Cu 1 ppm, 50 mL.
- Equipo de absorción y emisión atómica.
- Acetileno.
- Aire (oxígeno).
- Agua destilada.

4. PROCEDIMIENTO EXPERIMENTAL

Generalmente, cuando queremos trabajar a niveles de límite de detección, se aplica un FACTOR DE EXPANSIÓN en la escala del orden de 20X y realizar al menos diez lecturas consecutivas del cero y de la muestra, en este orden.

- Prender el equipo de absorción atómica y colocar la lámpara de Cu.
- Seleccionar la longitud de onda del Cu (324.8 nm) y SLIT 0.7 nm.
- Alinear la lámpara, longitud de onda y la altura del cabezal.
- Usando una llama de aire /acetileno y una solución de 2 ppm de cobre, optimizar cuidadosamente el instrumento hasta obtener máxima absorbancia.
- Aspirar HNO_3 (1:1) 2 minutos y agua destilada por lo menos 3 minutos para limpiar la cámara de pulverizado.
- Seleccionar un tiempo de integración y leer ABS del estándar.
- Aspirar agua destilada y hacer una lectura, luego aspirar la solución de 0.5 ppm de Cu y hacer una lectura y otra vez agua, hasta completar 20 lecturas. La secuencia es agua, estándar, agua, etc.
- Repetir el paso anterior con la otra solución.

Tabla 1: Estándar 0.50 mg/l

Item	Lectura Bk	Lectura Estándar
1		
2		
3		
4		
5		
6		
7		
8		
9		
10		
11		
12		
13		
14		
15		
16		
17		
18		
19		
20		

Tabla 2: Estándar 1.0 mg/l

Item	Lectura Bk	Lectura Estándar
1		
2		
3		
4		
5		
6		
7		
8		
9		
10		
11		
12		
13		
14		
15		
16		
17		
18		
19		
20		

5. RESULTADOS

a) Determinar la sensibilidad del cobre en cada solución estándar.

b) Graficar la sensibilidad del cobre en: %ABSORCIÖN Vs tiempo para cada una de las concentraciones.

c) Calcular el límite de detección del cobre para ambas concentraciones. Utilizar:

$$L.D. = \frac{2 * Conc.St}{Media} * Desv.Std$$

Y los datos obtenidos en la práctica del laboratorio.

Tabla 3: Estándar 0.50 mg/l

n	X	$X - \bar{X}$	$(X - \bar{X})^2$
1			
2			
3			
4			
5			
6			
7			
8			
9			
10			
11			
12			
13			
14			
15			
16			
17			
18			
19			
20			

$$L.D. = \frac{2 * Conc.St}{Media(\bar{X})} * \sqrt{\frac{\sum(X - \bar{X})^2}{(n - 1)}}$$

Tabla 4: Estándar 1.0 mg/l

n	X	$X - \bar{X}$	$(X - \bar{X})^2$
1			
2			
3			
4			
5			
6			
7			
8			
9			
10			
11			
12			
13			
14			
15			
16			
17			
18			
19			
20			

$$L.\,D. = \frac{2 * Conc.St}{Media(\bar{X})} * \sqrt{\frac{\sum(X - \bar{X})^2}{(n - 1)}}$$

d) Graficar la curva de calibración del cobre. ABS vs Conc. Observe su linealidad y haga un comentario.

PRÁCTICA N° 8
ANÁLISIS POR ADICIÓN DE ESTANDAR: INTERFERENCIAS ANALÍTICAS

1. OBJETIVOS

- Establecer condiciones operativas de trabajo para los diferentes elementos.
- Obtener una curva de calibración por el método de adiciones de estándar.
- Determinar la concentración exacta de un analito en presencia de interferencias.

2. FUNDAMENTO TEÓRICO

Probablemente no exista un método analítico que esté libre de alguna interferencia, por parte de la naturaleza de la muestra, las interferencias de AA están bien definidas, así como también los medios de tratarlas. Cuando no es posible eliminar por completo las interferencias de los elementos de la matriz, o sea, imposible preparar patrones de la misma composición de la muestra, existe una técnica muy útil que permite trabajar en la presencia de interferencias sin eliminarla y realizar una determinación exacta de la concentración del analito: el método de adiciones estándar.

Este método consiste simplemente en construir una curva de calibración sobre la propia muestra desconocida. Para ello se toman tres o más alícuotas de la muestra y se le añaden diferentes concentraciones de estándar conocidas.

Se añaden los estándares a iguales volúmenes de muestra con lo cual se permite que alguna interferencia presente en la muestra afecte también a los estándares.

La técnica se ilustra en la figura 1, la línea sólida que pasa por el origen, representa una curva de calibración típica de solución estándar en medio acuosa.

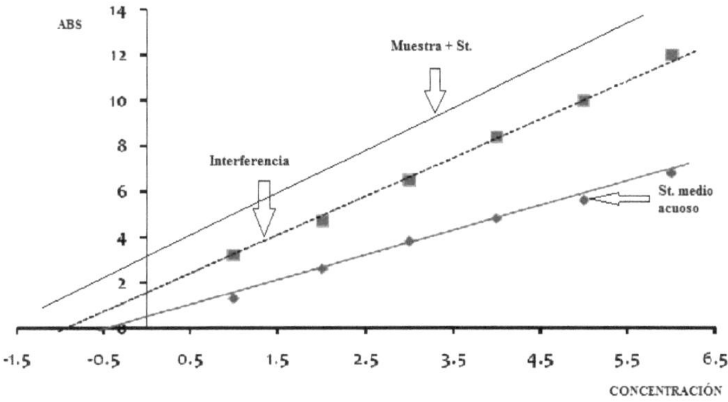

Figura 1: Curva de calibrado de adición de estándar

3. MATERIALES, EQUIPOS Y REACTIVOS

- Equipo de absorción atómica.
- 100 mL de estándar de zinc de 100 ppm.
- 40 mL de HCl concentrado.
- 10 mL de $HClO_4$ concentrado.
- 2 gramos de $KClO_3$.
- 4 fiolas de 50 mL.
- 2 fiolas de 100 mL.
- 6 matraces de 250 mL.
- Plancha de digestión.

- 1 pipeta graduada de 10 mL.
- 1 vaso de precipitado de 100 mL.

4. PROCEDIMIENTO EXPERIMENTAL

A) Preparación de estándares.

Utilizando la solución stock de 100 ppm se prepara 2 estándares de calibración, con un medio de 10% de HCl en fiolas de 100 ml y 50 ml.

Cobre	Absorbancia
Bk = 0 ppm	
S1 = 1 ppm	
S2 = 2 ppm	
S3 = 5 ppm	
Medio 10% HCl	

B) Preparación de la muestra.

- Medir 50 mL de agua en un matraz de 250 mL.
- Añadir 2 ml de $HClO_4$ cc + 0.5 g de $KClO_3$ y colocar en plancha hasta llevar a medio volumen (pastoso).
- Enfriar y adicionar aproximadamente 25 ml de agua destilada y 5 mL de HClcc y hervir.
- Enfriar.
- Trasvasar a fiola de 50 ml y aforar con agua destilada.
- Agitar hasta homogenización completa, preparar diluciones al 10% v/v y pasar a lectura.

C) Blanco

En un matraz vacío seguir el procedimiento de análisis de la muestra.

D) Adición de estándar

- Medir 2 alicuotas de 10 ml de la solución preparada y transferir a fiolas de 100 ml.
- Medir 5 ml y 10 ml de la solución stock de 100 ppm y transferir a cada fiola de 100 ml que contiene la alícuota de la muestra.
- Agregar 10 ml de HCl y aforar con agua. Agitar
- Estas muestras están listas para leer por AA.

E) Análisis instrumental.

- Calibrar y optimizar el equipo con una solución de 5 ppm de Cu.
- Colocar la lámpara adecuada, según el elemento a analizar.
- Colocar los parámetros instrumentales (λ, slit, corriente de lámpara, etc.), hasta alcanzar la optimización de cada elemento.
- Leer las absorbancias de los estándares y luego realizar la curva de calibración en modo concentración.
- Leer la muestra anotando valores en modo absorbancia y concentración.
- Leer las muestras a las que se les ha adicionado estándar.

5. RESULTADOS:

5.1. Graficar la curva de calibración y halle la concentración de la muestra.

5.2. Graficar las muestras con adición estándar.

5.3. Calcule ppm del elemento, por el método directo, de adición y compare con la lectura del instrumento.

Nota: utilizar la siguiente ecuación:

$$mg \ de \ metal / L \ muestra = A * \left(\frac{V_{final}}{V_{Alicuota}}\right)$$

Siendo: A: Lectura en AA ó EA (mg/L de metal en alícuota diluida o muestra procesada de la curva de calibración).

V_{final}: *Volumen al que se llevó la alicuota al diluir*

$V_{Alicuota}$: *mL tomados de la alicuota de la muestra*

6. CUESTIONARIO

A. ¿Cuál es la ventaja de usar reslope en la curva de calibración?

B. ¿Qué medida de cabezal utilizó? ¿Cuál sería la ventaja de usar el otro cabezal? ¿Mejorarían los resultados obtenidos?

PRÁCTICA N° 9
MANEJO DEL ESPECTROFOTÓMETRO UV-VISIBLE

1. OBJETIVOS

- Analizar la composición de una disolución que contiene una mezcla del indicador Azul de Bromotimol en su forma molecular HA (ácida) y disociada A⁻ (básica).
- Manejar el espectrofotómetro de acuerdo a sus especificaciones técnicas.
- Graficar las dos longitudes de onda seleccionadas.

2. FUNDAMENTO TEÓRICO

Como es sabido, las técnicas espectroscópicas se basan en la interacción de la radiación electromagnética con la materia. A través de esta interacción las moléculas pueden pasar de un estado energético, m, a otro estado energético distinto, l, absorbiendo una cantidad de energía radiante igual a la diferencia energética existente entre los dos niveles: E_l - E_m. Para conseguir esto, las moléculas absorben un fotón de una radiación tal que:

$$\Delta E = h\nu = \frac{hc}{\lambda}$$

h = Constante de Planck = 6.63×10^{-34} J.s

v = Frecuencia de la radiación = c/λ

c = velocidad de la luz = 3×10^{10} cm.s⁻¹

λ = longitud de onda

Estos tránsitos energéticos son los que dan origen a los espectros que, en definitiva, no son más que el registro de las distintas μ (o k) a las que se producen estos tránsitos energéticos.

Debido a la existencia de diferentes tipos de energía: de los electrones en sí, de los movimientos vibracionales de las moléculas, de la rotación de las mismas, etc., las moléculas pueden interaccionar con radiaciones electromagnéticas de un rango muy amplio de longitudes de onda, dando lugar a distintos tipos de espectroscopias según las diferentes regiones. Un esquema podría ser el siguiente:

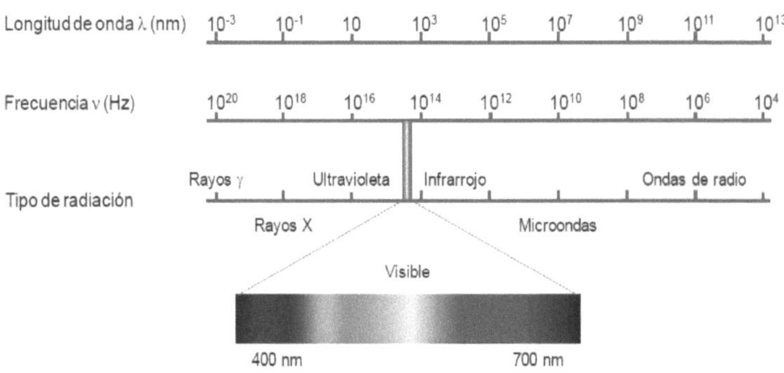

La espectroscopia UV-Visible (espectros electrónicos), se debe a la transición de los electrones más externos de los átomos de las moléculas, desde niveles fundamentales a niveles más altos de energía.

Tabla 1: colores de la luz visible.

Colores de la luz visible		
Longitud de onda de máxima absorción(nm)	Color absorbido	Color observado
380-420	Violeta	Amarillo-verde
420-440	Azul-violeta	Amarillo
440-470	Azul	Anaranjado
470-500	Verde-azul	Rojo
500-520	Verde	Púrpura
520-575	Amarillo-verde	Violeta

LEY DE LAMBERT-BEER

Si se hace incidir radiación monocromática sobre una muestra con una concentración "C" de una sustancia que absorbe a esa longitud de onda "λ", la intensidad de la radiación que la atraviesa, l, está relacionada con la intensidad incidente I_0 y con el espesor de la muestra, l, por la expresión:

$$I = I_o x 10^{-\epsilon l c}$$

Aplicando logaritmos: $\log I = \log I_0 - \epsilon\,l\,c$
Reordenando términos: $\log I_0 - \log I = \epsilon\,l\,c$
Pudiéndose escribir:

$$Log \frac{I_o}{I} = \epsilon\,l\,c$$

Habitualmente, el cociente I_o/I se denomina "transmitancia" de la muestra y se suele expresar como porcentaje de luz transmitida: $I/I_o \; x \; 100$. Por otra parte, se define la "absorbancia" de la muestra como:

A = log (1/T). Tanto la absorbancia como la transmitancia son magnitudes que se obtienen directamente en el espectrofotómetro.

Según estas definiciones, queda finalmente la siguiente expresión que se conoce con el nombre de la ley de Lambert-Beer:

$$A = \varepsilon\, l\, c$$

Donde ε es la "absortividad molar" (una medida de la radiación absorbida), que es un valor constante para cada sustancia a cada longitud de onda λ y en unas condiciones experimentales determinadas; también se denomina "coeficiente de extinción molar" si, como es frecuente, la concentración se expresa en moles por litro.

Si se opera, por tanto, a una longitud de onda dada y con una cubeta de un determinado espesor, l, la absorbancia A, medible directamente, es proporcional a la concentración molar de la muestra, c, lo que constituye el fundamento del análisis espectrofotométrico cuantitativo.

Existen, sin embargo, distintos factores que afectan al cumplimiento de la ley de Lambert-Beer, especialmente a concentraciones elevadas. Por ello antes de proceder al análisis de una muestra es preciso comprobar experimentalmente el rango de concentraciones en que dicha ley se cumple, obteniendo la curva de calibrado que relaciona las absorbancias con las concentraciones.

3. MATERIALES Y REACTIVOS

- Espectrofotómetro UV-Visible y seis cubetas de plástico.
- Matraces de 50 ml.
- Probetas de 10 ml.
- Vasos de precipitado de 100 ml.
- Pipetas graduadas de 10 y 5 ml.

- 4 frascos de almacenamiento.
- 100 mL de disolución de azul de Bromotimol en medio ácido (HA) de concentración de 5×10^{-5} M.
- 100 mL de disolución de azul de Bromotimol en medio básico (A⁻) de concentración de 5×10^{-5} M.
- 30 mL de disolución diluyente ácida: HCl de 0.01 M.
- 30 mL de disolución diluyente básica: NaOH de 0.01 M.

4. PROCEDIMIENTO EXPERIMENTAL

4.1 Preparación de disoluciones de la forma ácida del Azul de Bromotimol:

Tomando como base una disolución de partida, facilitada por el profesor, de Azul de Bromotimol 5×10^{-5}M en medio ácido (HCl), prepárense por dilución las siguientes disoluciones:

- Disolución A: En un matraz de 10 ml pipetear 8 ml de disolución de partida y enrasar con diluyente ácido (HCl).
- Disolución B: En un matraz de 10 ml pipetear 6 ml de disolución de partida y enrasar con diluyente ácido.
- Disolución C: En un matraz de 10 ml pipetear 4 ml de disolución de partida y enrasar con diluyente ácido.
- Disolución D: En un matraz de 10 ml pipetear 2 ml de disolución de partida y enrasar con diluyente ácido.

Nota: El pKa del azul de bromotimol es 7.30, al encontrarse en medio ácido no hay duda de que el indicador se encuentra totalmente bajo su forma ácida:

$$HA \leftrightarrow A^- + H^+ \quad (\text{pKa} = 7.30)$$

4.2 Preparación de disoluciones de la forma básica del Azul de Bromotimol:

Tomando ahora como base una disolución de partida, facilitada por el profesor de Azul de Bromotimol 5×10^{-5}M en medio básico (NaOH 10^{-2}M), prepárense por dilución las mismas disoluciones que en el apartado anterior pero ahora enrasando con diluyente básico (NaOH).

Nota: Como el pKa del indicador es 7.30 no hay duda de que éste se encuentra totalmente bajo su forma básica en NaOH 10^{-2} M.

4.3 Obtención de los espectros de la forma ácida y básica del indicador:

Para ello vamos a utilizar las disoluciones "A" respectivas preparadas anteriormente. En cada caso, llenaremos una cubeta con la referencia adecuada y otra con la muestra a medir. A continuación, iremos midiendo el valor de la absorbancia de la muestra a distintas longitudes de onda entre 400 y 680 nm, haciendo las medidas a intervalos de 10 nm. Es importante tener en cuenta que, cada vez que se modifique el valor de la longitud de onda, hay que ajustar de nuevo el cero de absorbancia con la referencia.

Finalmente, se representan los datos graficados, de manera que figure la absorbancia "A" en ordenadas frente a longitud de onda "λ" en abcisas:

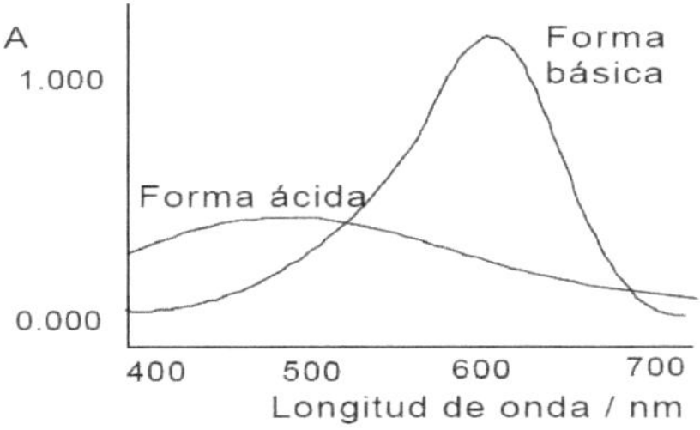

4.4 Obtención de las rectas de calibrado para las formas ácida y básica del Azul de Bromotimol:

A la vista de los espectros de absorción de la forma ácida y básica del indicador, se apreciará un máximo para la forma básica en torno a 620 nm y un máximo para la forma ácida alrededor de 440 nm. Elegidos estos valores de longitud de onda como los más idóneos, se mide la absorbancia de cada una de las disoluciones preparadas en el apartado a) (disoluciones de la A a la D), ajustando previamente el cero de absorbancia a cada longitud de onda con la referencia adecuada. Con los datos de Absorbancia se elaboran las dos tablas correspondientes, una para la forma ácida y otra para la forma básica, que serán del tipo:

Tabla 2: Datos de concentración y absorbancia

Disolución	A	B	C	D
C [mol/L]				
Absorbancia a 440				
Absorbancia a 620				

A continuación, se representan en papel milimetrado los datos de las dos tablas anteriores (absorbancia frente a concentración) y se obtienen las 4 rectas de calibrado que confirman el cumplimiento de la ley de Lambert-Beer:

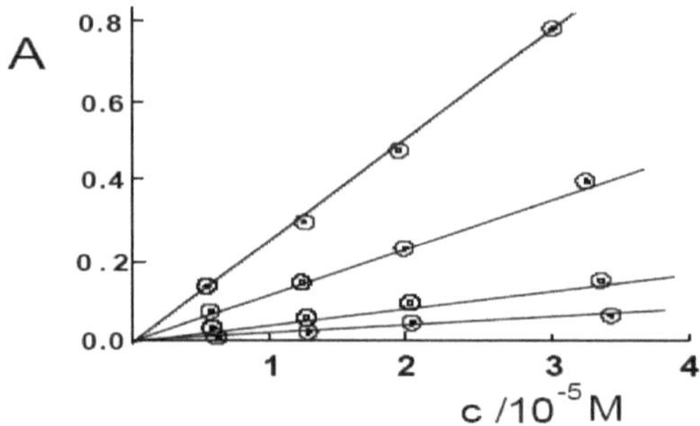

Las rectas que se obtienen son del tipo y = ax, de forma que al compararlas con la ley de Lambert-Beer se deduce que:

$$Pendiente = \frac{\Delta y}{\Delta X} = \frac{y_2 - y_1}{X_2 - X_1} = \varepsilon\, l$$

De donde: $\varepsilon = \dfrac{pendiente}{l}$

Como la longitud de la cubeta es de 1cm se obtiene el valor de ε en M^{-1}cm^{-1}. Por tanto, habremos determinado las cuatro absortividades molares que estábamos buscando:

$$\varepsilon_{HA}^{440}, \qquad \varepsilon_{HA}^{620}, \qquad \varepsilon_{A^-}^{440}, \qquad \varepsilon_{A^-}^{620}$$

4.5 Análisis de una muestra desconocida de azul de bromotimol

A partir de una muestra facilitada por el profesor trata de determinar las concentraciones de HA y A⁻ que hay en la muestra. Para ello se medirá la absorbancia de la muestra a 440 y 620 nm y a partir de las ecuaciones correspondientes se obtendrán las concentraciones de HA y A⁻.

4.6 Comprobación del pKa del azul de bromotimol

Con los datos obtenidos en el apartado anterior y recordando la ecuación de Henderson-Hasselbalch se puede calcular el valor del pKa del indicador:

$$pH = pKa + log\frac{[A^-]}{[HA]} \quad v \quad pKa = pH - log\frac{[A^-]}{[HA]}$$

Por tanto, sabiendo las concentraciones de HA y A⁻ y midiendo el pH de la muestra se puede calcular el pKa.

Si la suposición de que la absorbancia era aditiva es correcta, el pKa así obtenido ha de cerrar con el pKa determinado potenciométricamente para este indicador. Sabiendo que el valor tabulado es de 7.30, podría discutir la validez de nuestras suposiciones y calcular los errores relativos cometidos por el experimentador.

5. CUESTIONARIO

a) ¿En qué longitudes de onda absorben los colores primarios y secundarios?

b) ¿Qué son los colores secundarios?

c) ¿Qué longitudes de onda son de mayor energía, las largas o las cortas y por qué?

d) ¿Qué es el espectro electromagnético y cuál es el rango de longitud de onda de sus regiones?

PRÁCTICA N° 10
MANEJO Y USO DEL COLORÍMETRO

1. OBJETIVOS

- Analizar la composición de una disolución molar de sulfato de cobre (II) que contiene una mezcla con agua.
- Manejar el colorímetro de acuerdo a sus especificaciones técnicas.
- Graficar las dos longitudes de onda seleccionadas.
- Determinar la absortividad molar para las condiciones de práctica.

2. FUNDAMENTO TEÓRICO

El Colorímetro mide la cantidad de luz transmitida a través de una muestra a una longitud de onda seleccionable por el usuario. Puede elegir entre cuatro longitudes de onda: 430 nm, 470 nm, 565 nm y 635 nm. Las características tales como la identificación automática del sensor y la calibración en un solo paso hacen que este sensor sea fácil de usar. Las características tales como la identificación automática del sensor y la calibración en un solo paso hacen que este sensor sea fácil de usar.

Figura 1: colorímetro que trabaja con Logger Pro (software)

Un colorímetro es cualquier herramienta que identifica el color y el matiz para una medida más objetiva del color. El colorímetro también es un instrumento que permite medir la absorbancia de una disolución en una frecuencia de luz específica. La frecuencia es determinada por el operario del colorímetro. Por eso hace posible descubrir la concentración de un soluto conocido que sea proporcional a la absorción.

Diferentes sustancias químicas absorben diferentes frecuencias de luz. Los colorímetros se basan en el principio de que la absorbancia de una sustancia es proporcional a su concentración Ley de Beer-Lambert, y por eso las sustancias más concentradas muestran una lectura más elevada de absorbancia. Se usa un filtro en el colorímetro para elegir el color de luz que más absorberá el soluto, para maximizar la precisión de la lectura. Note que el color de luz absorbida es el opuesto del color de la muestra, por lo tanto, un filtro azul sería apropiado para una sustancia naranja.

Tabla 1: colores de la luz visible.

Colores de la luz visible		
Longitud de onda de máxima absorción(nm)	Color absorbido	Color observado
380-420	Violeta	Amarillo-verde
420-440	Azul-violeta	Amarillo
440-470	Azul	Anaranjado
470-500	Verde-azul	Rojo
500-520	Verde	Púrpura
520-575	Amarillo-verde	Violeta

Los sensores miden la cantidad de luz que atraviesa la disolución, comparando la cantidad entrante y la lectura de la cantidad absorbida.

Se realiza una serie de soluciones de concentraciones conocidas de la sustancia química en estudio y se mide la absorbancia para cada concentración, obteniendo así una gráfica de absorbancia respecto a concentración. Por extrapolación de la absorbancia en la gráfica se puede encontrar el valor de la concentración desconocida de la muestra.

3. MATERIALES Y REACTIVOS

- Computadora con LabQuest App o software Logger Pro.
- Colorímetro y seis cubetas de plástico.
- Probetas de 10 ml.
- Pipetas graduadas de 10 y 5 ml.
- Disolución de sulfato de cobre (II) 0.4 M 150 mL.
- Gradilla con tubos de ensayo.
- Agua destilada.

4. PROCEDIMIENTO EXPERIMENTAL

4.1 Encendido del colorímetro

- Asegúrese de Logger Pro software (versión 3.8.2 o posterior) está instalado en su equipo antes de utilizar el colorímetro.
- Conecte el colorímetro a un puerto USB en la computadora o un concentrador con alimentación USB Nota: La primera vez que conecte un espectrofotómetro, su equipo puede hacerte algunas preguntas. **No ir en línea para los controladores de dispositivos**.
- Comience Logger Pro software en su ordenador.
- Presione el botón <o> en el Colorímetro para seleccionar la longitud de onda correcta para su experimento (430 nm, 470 nm, 565 nm o 635 nm).

- Dejar que el sensor se caliente durante aproximadamente cinco minutos antes de calibrar.

4.2 Calibración del colorímetro

- Deslice la tapa del Colorímetro para revelar la ranura de la cubeta.
- Inserte una cubeta con agua destilada u otro solvente usado para preparar sus soluciones, para su blanco de calibración (100% de transmitancia o 0 de absorbancia). Importante: Alinee uno de los lados claros de la cubeta con la flecha en el lado derecho de la ranura de la cubeta.
- Deslice la tapa del Colorímetro cerrada.
- Presione el botón CAL en el Colorímetro para comenzar el proceso de calibración.
- Suelte el botón CAL cuando el LED rojo comienza a parpadear.
- Cuando el LED rojo deja de parpadear, la calibración se completa. La lectura de la absorbancia debe ser muy cercana a 0.000 (100% T).
- Retire la cubeta en blanco del Colorímetro.
- Continuar con la recopilación de datos.

4.3 Preparación de disoluciones de sulfato de cobre:

Tomando como base una disolución de partida, facilitada por el profesor, de disolución de sulfato de cobre (II), prepárense por dilución las siguientes disoluciones:

Tabla 2: Datos de concentración.

Celda N°	Disolución de Sulfato de cobre 0.4 M	H$_2$O	Concentración (M)
A	2 ml	8 ml	
B	4 ml	6 ml	
C	6 ml	4 ml	
D	8 ml	2 ml	
E	10 ml	0ml	

4.4 Obtención de las rectas de calibrado de sulfato de cobre.

A la vista de los espectros de absorción de la disolución de sulfato de cobre, se apreciará un máximo para la longitud de onda correspondiente. Elegidos estos valores de longitud de onda como los más idóneos, se mide la absorbancia de cada una de las disoluciones preparadas en el apartado a) (disoluciones de la A a la E), ajustando previamente el cero de absorbancia a cada longitud de onda con la referencia adecuada. Con los datos de Absorbancia se elaboran las tablas correspondientes.

Tabla 3: Datos de concentración y absorbancia

Tubo de ensayo	Concentración de sulfato de cobre (mol/L)	Absorbancia
A	0.08	
B	0.16	
C	0.24	
D	0.32	
E	0.40	
	Número desconocido _____	

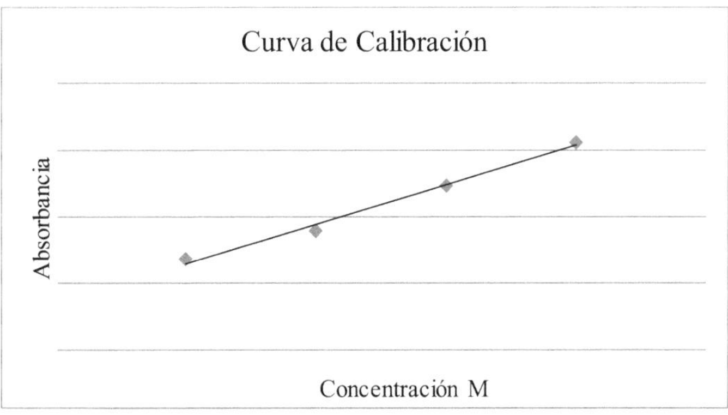

Las rectas que se obtienen son del tipo y = ax, de forma que al compararlas con la ley de Lambert-Beer se deduce que:

$$Pendiente = \frac{\Delta y}{\Delta X} = \frac{y_2 - y_1}{X_2 - X_1} = \varepsilon\, l$$

De donde: $\varepsilon = \dfrac{pendiente}{l}$

Como la longitud de la cubeta es de 1cm se obtiene el valor de ε en M^{-1}cm^{-1}. Por tanto, habremos determinado las absortividades molares que estábamos buscando:

$$\varepsilon = ¿?$$

4.5 Análisis de una muestra desconocida de Sulfato de cobre.

A partir de una muestra facilitada por el profesor trata de determinar las concentraciones de sulfato de cobre que hay en la muestra. Para ello se medirá la absorbancia de la muestra desconocida y a partir de las ecuaciones correspondientes se obtendrán las concentraciones de sulfato de cobre desconocida.

4.6Análisis de muestras de agua en sulfato de cobre.

Medir las concentraciones de las muestras de agua en sulfato de cobre en la curva de calibrado realizado con sulfato de cobre llenando el 90% del volumen de las celdas del colorímetro.

5. CUESTIONARIO

a) Que información se obtiene a partir de los espectros de absorción y reflectancia.
b) ¿Cuál es la diferencia entre el espacio de color Hunter - Lab, Cie - Lab y Musel

PRÁCTICA N° 11

DETERMINACIÓN DE pH Y ACIDEZ EN MUESTRAS REALES POR POTENCIOMETRÍA

1. **OBJETIVOS:**

- Determinar el pH de la muestra real.
- Valorar un ácido orgánico (ácido láctico, ácido acético o ácido cítrico) con NaOH, utilizando el indicador de punto final la medida del pH.
- Usar la técnica potenciométrica (medida del pH a lo largo del proceso de valoración) como un indicador del punto final.
- Considerar las limitaciones del método: no se puede aplicar a ácidos y bases muy diluidos, tampoco permite diferencias especies con constantes muy próximas.

2. **FUNDAMENTO TEÓRICO**

Los métodos potenciométricos se basan en la medida del potencial eléctrico de un electrodo sumergido en una disolución. A partir de este potencial se puede establecer la concentración de una especie electroactiva presente en una disolución.

3. **MATERIALES, EQUIPOS Y REACTIVOS**

- Potenciómetro.
- Matraz Erlenmeyer de 100 ml.
- Pipetas volumétricas de 10 ml.
- Probeta
- Bureta graduada en 0.1 ml

- Vasos de precipitación de 100 ml.
- NaOH (0.1N) libre de carbonatos (cada mililitro equivale a 0.009 g de ácido láctico).
- Solución de alcohólica de fenolftaleína al 0,1%, 3 a 6 gotas.
- 100 mL de vinagre y/o 100 mL de leche.
- 2 limones.

4. PROCEDIMIENTO EXPERIMENTAL

4.1 Determinación del pH empleando el pH-metro

- Tomar más o menos 25 ml de muestra en un vaso de precipitación.
- Introducir los electrodos en la muestra y leer directamente el pH en el pH-metro.

4.2 Procedimiento para determinar la Acidez en Leche:

- En un matraz agregamos 10 ml de leche, 3 mL de vinagre o 2.5 mL de zumo de limón y pesamos.
- Enrazar agua destilada hasta 100 mL y agregar 2 a 4 gotas de fenolftaleína al 0.1%.
- Cargar la bureta con NaOH de 0.1 N
- Titular con NaOH 0.1N hasta que aparezca una coloración ligeramente rosada, la cual debe persistir por lo menos 30 segundos.
- En la valoración anotar los volúmenes gastados de NaOH de 0.1 N cada 0.5 mL y sus potenciales de reacción además del pH.
- Cerrar la llave de la bureta al observar el cambio de color y anotar el volumen de NaOH gastado y aplicar la fórmula para calcular la acidez del vinagre, para la leche reemplazar con ácido láctico, para el limón con el ácido cítrico.

$$\% \, CH_3COOH = \frac{mL \ de \ NaOH_{gastado} * N_{NaOH} * Meq_{CH_3COOH}}{Gramos \ de \ muestra} * 100$$

- Continuar la valoración hasta alcanzar un pH = 12.

5. Cálculos

a) Calcular la acidez de la muestra problema.

b) A qué volumen de hidróxido de sodio la solución se neutraliza.

c) Cuál es el potencial en el punto de cquivalencia.

d) Cuál es la concentración de la sal que se forma en el punto de equivalencia.

6. CUESTIONARIO

A. Representar la curva de titulación y obtener el pH en la neutralización.

B. Determinar porcentaje de acidez en la muestra de la leche, vinagre o ácido cítrico.

C. Anote la reacción de neutralización.

D. Investigue de que otra manera que no sea el uso de indicadores, pudiera ser detectado el punto final de una titulación ácido base como ésta.

E. Comparar el punto final utilizado con la fenolftaleína y el obtenido con el potenciómetro.

F. Cuál es la fórmula desarrollada de la fenolftaleína y el anaranjado de metilo.

PRÁCTICA N° 12
TITULACIÓN CONDUCTIMÉTRICA ÁCIDO – BASE

1. OBJETIVOS

- Determinar la conductividad de la muestra en estudio.
- Evaluar el punto de equivalencia entre las muestras en la interacción con la base fuerte, utilizando el gráfico de valoración.
- Usar la técnica conductimétrica (medida de la conductividad a lo largo del proceso de valoración) como un indicador del punto final.
- Comparar los valores de conductancia para cada muestra con los datos reportados en tablas.

2. FUNDAMENTO TEÓRICO

La conducción de una corriente eléctrica a través de una solución de un electrolito involucra la migración de especies cargadas positivamente hacia el cátodo y especies cargadas negativamente hacia el ánodo. La conductancia de una solución, que es una medida del flujo de corriente que resulta de la aplicación de una fuerza eléctrica dada, depende directamente del número de partículas cargadas que contiene. Todos los iones contribuyen al proceso de conducción, pero la fracción de corriente transportada por cada especie está determinada por su concentración relativa y su movilidad inherente en el medio.

La aplicación de las mediciones de conductancia directa al análisis es limitada porque es una propiedad de naturaleza no selectiva. Los usos principales de las mediciones directas han estado confinados al análisis de mezclas binarias de agua-electrolito y a la determinación de la concentración total del electrolito. Esta última medición es particularmente útil como criterio de pureza del agua destilada. Por otra parte, las titulaciones conductimétricas, en las que las mediciones de la conductancia se usan para indicar el punto final de una reacción se puede aplicar a la determinación de una variedad de sustancias.

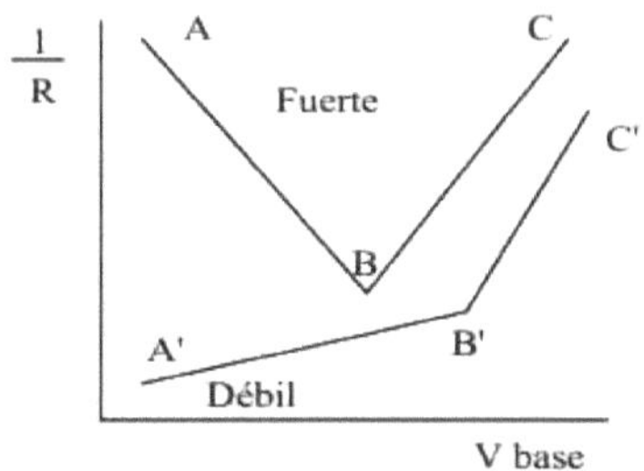

Fig. 1. Gráfico de una valoración conductimétrica ácido-base.

La ventaja principal del punto final conductimétrico es su aplicabilidad a la titulación de soluciones muy diluidas y a sistemas en los que la reacción es relativamente incompleta. Así, por ejemplo, es posible la titulación conductimétrica de una solución acuosa de fenol (kaq≅10-10) aunque el cambio de pH en el punto de equivalencia es insuficiente para un punto final potenciométrico o con indicador visual.

La técnica tiene sus limitaciones. En particular, se hace menos precisa y menos satisfactoria al aumentar la concentración total de electrolitos. Verdaderamente, el cambio en la conductancia debido al agregado del reactivo titulante puede ser enmascarado considerablemente por altas concentraciones de electrolitos en la solución a titular; en estas circunstancias el método no se puede usar.

Si se trata de valorar un ácido relativamente débil, como el ácido acético, con una base fuerte, la reacción que se produce es la siguiente:

$$CH_3COOH + Na^+ + OH^- \leftrightarrow CH_3COO^- + Na^+ + H_2O$$

3. MATERIALES, EQUIPOS Y REACTIVOS

- Conductímetro.
- Matraz Erlenmeyer de 125 ml.
- Pipetas volumétricas de 10 ml.
- Probeta
- Bureta graduada en 0.1 ml
- Vasos de precipitación de 100 ml.
- NaOH (0.3N) libre de carbonatos (cada mililitro equivale a 0.009 g de ácido láctico).
- Solución de alcohólica de fenolftaleína al 0,1%, 3 a 6 gotas.
- 100 mL de vinagre.
- 100 mL de leche entera.

4. PROCEDIMIENTO EXPERIMENTAL

- En un matraz agregamos 5 ml de ácido acético.
- Calibrar el conductímetro con una solución de KCl 0.01 M hasta que marque una conductancia de 1413 µS/cm.
- Medir la conductividad de la muestra.
- Enrazar agua destilada hasta 50 mL y agregar 2 a 4 gotas de fenolftaleína al 0.1%.
- Cargar la bureta con NaOH de 0.3 N
- Titular con NaOH 0.3 N hasta que aparezca una coloración ligeramente rosada, la cual debe persistir por lo menos 30 segundos.
- En la valoración anotar los volúmenes gastados de NaOH de 0.3 N cada 0.5 mL y sus conductancias de reacción.
- Cerrar la llave de la bureta al observar el cambio de color y anotar el volumen de NaOH gastado, continuar la valoración hasta alcanzar una conductancia aproximada de 7000 µS/Cm.
- Graficar la conductividad Vs el volumen de NaOH.

5. RESULTADOS

N°	mL de NaOH	Conductividad
1		
2		
n		

a) Calcular la concentración del ácido acético en el punto de equivalencia.

b) Cuál es la conductividad en el punto de equivalencia.

c) Cuál es el volumen del NaOH 0.3 M en el punto de equivalencia.

6. CUESTIONARIO

6.1 Representar la curva de titulación conductimétrica.

6.2 En la valoración conductimétrica del ácido acético (vinagre) con Soda caustica ¿La conductividad aumente o disminuye antes del punto de equivalencia? Justifique su respuesta.

6.3 ¿Por qué se recomienda medir la conductividad de un disolvente?

6.4 Investigue de que otra manera que no sea el uso de indicadores, pudiera ser detectado el punto final de una titulación ácido base como ésta.

6.5 ¿Es necesario conocer la temperatura a la que se mide la conductividad?

PRÁCTICA N° 13
MANEJO Y USO DEL POLARÍMETRO

1. OBJETIVOS

- ✓ Familiarizarse con el uso del Polarímetro.
- ✓ Experimentar cómo la longitud y la concentración de la trayectoria de la muestra afectan la rotación observada.
- ✓ Calcular la rotación específica de una muestra de azúcar conocida utilizando la ley de Biot.

2. Marco teórico.

Un polarímetro es un dispositivo que mide la rotación de luz polarizada linealmente por una muestra ópticamente activa. Esto es de interés para los químicos orgánicos porque permite la diferenciación entre estereoisómeros ópticamente activos, es decir, enantiómeros. Los enantiómeros, moléculas quirales, son moléculas que carecen de un plano interno de simetría. Una manera de distinguir estas moléculas es usar la polarimetría. La polarimetría también es útil para aplicaciones biológicas porque los aminoácidos, ácidos nucleicos, carbohidratos y lípidos son todos ópticamente activos. La determinación de la actividad óptica de un compuesto que usa polarimetría permite al usuario determinar diversas características, incluyendo la identidad, del compuesto químico específico que se investiga. Como se muestra en la Figura 1, la luz incidente no polarizada se transmite a través de un polarizador fijo que sólo permite una cierta orientación de la luz en la muestra. La muestra gira entonces la luz en un ángulo único. Al girar el analizador, la luz girada se transmite al máximo en ese ángulo único, permitiendo al usuario determinar las propiedades de la muestra. Un enantiómero A (+) gira el plano de la luz polarizada linealmente en el sentido de las agujas del reloj, dextro, según lo ve el detector. Un enantiómero (-) gira el plano en sentido contrario a las agujas del reloj.

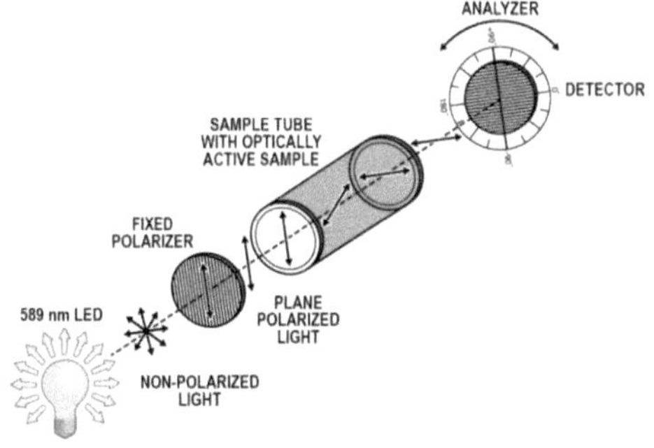

Figura 1: Esquema del Polarímetro

Un compuesto tendrá consistentemente la misma rotación específica bajo idénticas condiciones experimentales. Para determinar la rotación específica de la muestra, utilice la ley de Biot:

$$\alpha = [\alpha]\, \ell\, c$$

Donde α es la rotación óptica observada en unidades de grados, $[\alpha]$ es la rotación específica en unidades de grados (la unidad formal para la rotación específica es grados dm^{-1} mL g^{-1}, pero la literatura científica usa sólo grados), ℓ es La longitud de la célula en unidades de dm, y c es la concentración de la muestra en unidades de gramos por mililitro.

Este experimento le permite explorar la interacción entre estos parámetros con el fin de entender mejor la polarimetría y cómo usar un polarímetro.

3. MATERIALES, EQUIPOS Y REACTIVOS.

- ✓ Computadora e Interfaz Logger Pro.
- ✓ Logger Pro

✓ Polarímetro Vernier

✓ Célula de muestra polarimétrica.

✓ Probetas de 50 ml

✓ Frascos volumétricos de 50 mL.

✓ Vaso de precipitado de 50 mL.

✓ Cubeta de 50 mL.

✓ Sacarosa al 10%.

4. PROCEDIMIENTO EXPERIMENTAL.

4.1. Encendido y Calibrado del Polarímetro

- Conectar los dos cables de Vernier Polarímetro a sus respectivos puertos en su Interfaz Vernier. Iniciar el programa de recolección de datos y elija Nuevo en el archivo menú. Nota: Si está utilizando LoggerPro, el gráfico debe tener iluminación en el eje-y de ángulo en el eje x; si este no es el caso, asegúrese de que el polarímetro de analizador está conectado a DIG 1 en la interfaz y seleccione Nuevo en el archivo menú.

Parte I: Midiendo el ángulo máximo

A) Preparar con precisión 50 ml de una solución acuosa de sacarosa al 10%.
B) Conecte los dos cables Polarímetro Vernier a sus respectivos puertos en su interfaz Vernier. Inicie el programa de recopilación de datos y seleccione *Nuevo* en el menú *Archivo*. Nota: En Logger Pro, espere hasta que aparezca un gráfico de Iluminación (rel) en el eje Y y Ángulo (°) en el eje x antes de continuar.

C) Calibre el polarímetro.

- Vierta el agua destilada en la celda Polarimétrica a una altura de 10 cm. Es importante leer la altura hasta los 0,1 cm. Lea hasta el fondo del menisco.
- Coloque la celda en el polarímetro.
- Inicie la recolección de datos y gire lentamente el analizador en sentido horario o antihorario, como se muestra en la Figura 2, hasta que se detenga la recogida de datos (15 s). Al girar lentamente el analizador se obtienen curvas más suaves.

  Nota: Si está utilizando una interfaz de LabPro, sólo rote el analizador mientras la recopilación de datos está activa. Deje unos segundos al inicio y al final de la recopilación de datos sin mover el analizador.

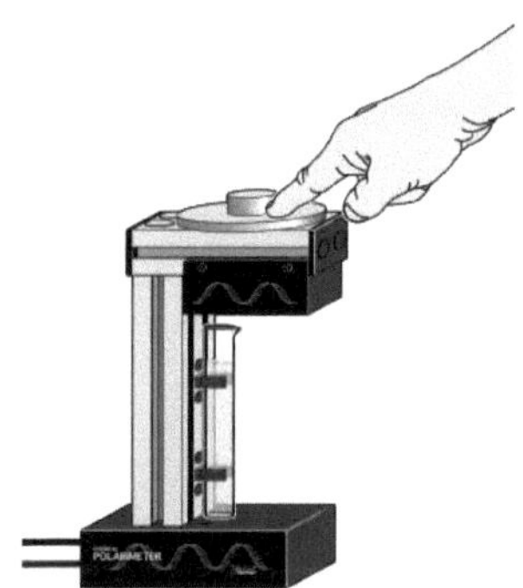

Figura 2: Rotación del analizador

D) Anote el primer ángulo por encima de 0 °, donde la iluminación es máxima para el blanco. Una forma de localizar este ángulo es usar un ajuste gaussiano:

a). Resalte el pico de interés utilizando Logger Pro, como se muestra en la Figura 3. Para obtener mejores resultados, sea consistente en la forma en que selecciona sus picos.

b). Elija Ajuste de curva en el menú Análisis.

c). De la lista de Ecuaciones Generales disponibles, seleccione Gaussiano.

d). Seleccione *Try Fit* en Logger Pro.

e). El coeficiente B, presentado representa el ángulo en la iluminación máxima.

f). Registre este valor como ángulo de blanco a continuación.

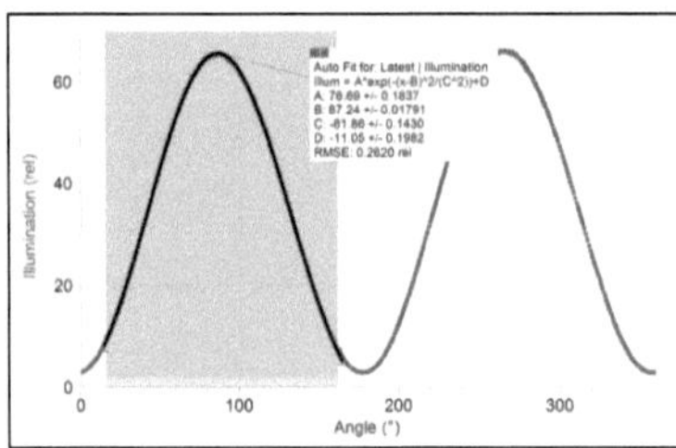

Figura 3 Selección para ajustes

E) Guarde la operación. En Logger Pro, seleccione almacenar la última ejecución en el menú Experimento.

F) Ahora está listo para agregar la muestra ópticamente activa a la celda Polarímetro.

    a. Verter la solución de sacarosa en la celda Polarímetro a una altura de 10 cm. Registre este valor a 0,1 cm más cercano en la siguiente tabla.

    b. Coloque la celda de muestra en el polarímetro.

    c. Inicie la recolección de datos y gire lentamente el analizador en sentido horario o antihorario hasta que se detenga la recogida de datos.

G) Grabe el primer ángulo por encima de 0 ° donde la iluminación está a un máximo para la muestra ópticamente activa como Ángulo $_{muestra}$ a continuación. Repita el paso (4.4) para determinar este ángulo.

H) Repita los pasos 4.5- 4.7 para 8 cm, 6 cm, 4 cm y 2 cm. Asegúrese de medir tanto la altura real del líquido como el ángulo de rotación del plano de luz polarizada con cada cambio en el volumen de solución de sacarosa. Registre estos valores en la tabla proporcionada.

Parte II: Midiendo concentraciones.

I) Prepare 50 mL de una solución acuosa de sacarosa al 10%, 20%, y 30%.

J) Calibre el Polarímetro como lo hizo en el Paso 4.3.

K) Guarde el primer ángulo por encima de 0° donde la iluminación es máxima. Determine este ángulo utilizando el mismo método que antes.

L) Ahora está listo para añadir la muestra ópticamente activa a la celda polarímetro.

   a. Verter la muestra de sacarosa al 30% en la celda polarimétrica a una altura de 10 cm. Registre este valor a 0,1 cm más cercano en la siguiente tabla.

   b. Coloque la celda de muestra en el polarímetro.

   c. Inicie la recolección de datos y gire lentamente el analizador en sentido horario o antihorario hasta que se detenga la recogida de datos.

M) Guarde el primer ángulo por encima de 0° donde la iluminación es máxima.

N) Almacene la prueba.

O) Vacíe la celda del Polarímetro y enjuague con una pequeña cantidad de la muestra siguiente.

P) Repita los pasos 4.13-4.16 para las muestras restantes que preparó.

5. RESULTADOS.

Parte I: Midiendo el ángulo máximo

Ángulo $_{Blanco}$ (°) = ______________

Mediciones	P 1	P2	P3	P3	P4
Altura de muestra (cm)					
Ángulo $_{muestra}$ (°)					
Ángulo de rotación, α (°) = Ángulo $_{muestra}$ − Ángulo $_{blanco}$					

Parte II: Midiendo Concentraciones

Ángulo $_{muestra}$ (°) = ______________

Mediciones	10%	20%	30%
Altura de muestra (cm)			
Ángulo $_{muestra}$ (°)			
Ángulo de rotación, α (°) = Ángulo $_{muestra}$ − Ángulo $_{blanco}$			
Concentración calculada (g/mL)			

a. Genere una gráfica de la altura del líquido (cm) en el eje x frente a la rotación óptica en grados en el eje y.

En logger Pro.

- En el menú Página, elija Agregar página. Seleccione Nuevo conjunto de datos y gráfico. Haga clic en Aceptar. En la tabla de datos de la

Página 2 recién generada, verá un nuevo conjunto de datos con una columna denominada "X" y una columna llamada "Y".

- Para cambiar el nombre de la columna X, haga doble clic en el encabezado de la columna. Introduzca Altura de la muestra como el nombre de la columna, Altura como nombre corto y cm como unidades. Haz clic en Listo.

- De la misma manera, nombre la columna Y. Introduzca Ángulo de rotación como el nombre de la columna, Ángulo como nombre abreviado y grados (°) como la unidad eligiendo el símbolo del menú desplegable.

- Introduzca sus datos en las columnas correspondientes. Asegúrese de que el gráfico muestra la Altura de muestra en el eje x y el Ángulo de rotación en el eje y.

b. Utilizando la opción de ajuste de curva en el menú Análisis, determine la relación entre la altura del líquido y la rotación óptica.

c. Encuentre el mejor ajuste a través de los puntos de datos. Determine el ángulo de rotación cuando la altura de la muestra es exactamente de 10,0 cm.

d. Calcular la rotación específica de sacarosa utilizando la ley de Biot. Compare este valor con el valor aceptado de la literatura y calcule su diferencia porcentual.

e. Usando el ángulo de rotación observado y la ley de Biot, calcule las concentraciones exactas de cada muestra en g / mL. Escriba estos valores en la tabla anterior.

f. Genere una gráfica de los valores de concentración calculados en g / mL frente a la rotación óptica en grados, como lo hizo anteriormente.

g. Sobre la base de sus datos, ¿cuál es la relación entre la rotación óptica y la concentración?

6. CUESTIONARIO.

a. Analice sus datos de Polarímetro utilizando dos metodologías diferentes, como se describe a continuación.

- Estadísticas: resalte el pico de interés en Logger Pro. Elija Estadísticas en el menú Análisis. Registre el valor del ángulo donde la iluminación esté a su máximo.

- Coseno cuadrado: seleccione Ajuste de curva en el menú Análisis. En la lista de Ecuaciones generales disponibles, seleccione Coseno cuadrado. Seleccione Try Fit in Logger Pro. En este ajuste, el valor x correspondiente al valor máximo de y se obtiene a partir del negativo del parámetro de cambio de fase. Este es un ajuste no lineal que experimenta numerosas iteraciones y tiene la posibilidad de no converger, lo que resultará en una respuesta irrazonable. Con todos los ajustes no lineales, es importante asegurarse de que el valor resultante sea razonable sobre la base de los datos presentados en el gráfico.

b. Comparar los tres resultados diferentes de los tres ajustes diferentes (Gaussian, Statistics, y Cosine Squared). Discuta cuál cree que es más exacto y por qué.

PRÁCTICA Nº 14
DETERMINACIÓN DE ZINC EN AGUAS POR ABSORCIÓN ATÓMICA EN LLAMA

1. OBJETIVOS

- Establecer condiciones operativas de trabajo para el zinc.
- Obtener la curva de calibración y obtener su ecuación.
- Determinar la concentración de zinc como contaminante en el agua.

2. FUNDAMENTO TEÓRICO

Cuando se desea analizar un metal a nivel de trazas, normalmente se utiliza una técnica espectroscópica atómica; por ejemplo, la absorción o la emisión atómica con llama. En este caso, la propiedad medida es la absorción de la radiación, a la longitud de onda adecuada, de los átomos presentes en el camino óptico, o bien la emisión de los átomos excitados en la llama.

Para realizar un análisis empleando la técnica de absorción atómica, la muestra (normalmente una disolución) es introducida convenientemente en diferentes fuentes caloríficas (generalmente una llama). Después de la evaporación del disolvente, la llama proporciona suficiente energía para disociar los enlaces químicos y liberar átomos metálicos en estado fundamental que absorben radiación electromagnética de una longitud de onda característica en cada caso. La banda de longitudes de onda a la que absorbe cada elemento es estrecha y prácticamente única. Los átomos no excitados absorben luz y sus electrones de valencia pasan al estado excitado. Como resultado de esta absorción se produce una disminución de la intensidad de la radiación inicial. La cantidad de radiación absorbida a través de la llama (camino óptico) será proporcional a la cantidad de átomos del elemento presentes en la misma (Ley de Lambert-Beer).

Dentro de la llama hay muchos más átomos en el estado fundamental que en el estado excitado. Por ejemplo, para el calcio, en una llama de 2000 K hay 1.2×10^7 átomos en el estado fundamental por cada átomo en el estado excitado; para el zinc hay 7.3×10^{15} átomos en el estado fundamental por cada átomo en el estado excitado. Aproximadamente unos 65 elementos se pueden determinar con gran sensibilidad y precisión empleando la técnica de espectroscopia de absorción atómica frente a unos 10 que se determinan por la técnica de espectroscopia de emisión atómica.

Un espectrofotómetro de absorción atómica de llama consta de la siguiente instrumentación básica necesaria para poder realizar medidas de absorción:

a) Fuente de radiación
b) Sistema nebulizador-atomizador
c) Monocromador
d) Detector

Las fuentes de radiación empleadas en el espectrofotómetro de absorción atómica deben originar una banda estrecha, de intensidad adecuada y estabilidad suficiente, durante períodos de tiempo prolongados. Las más comúnmente utilizadas son las **lámparas de cátodo hueco**. Estas lámparas están constituidas por un cátodo metálico (por ejemplo, Zn) capaz de emitir radiaciones de las mismas longitudes de onda que son capaces de absorber los átomos del elemento que se desea analizar. En algunas ocasiones los cátodos están formados por más de un elemento, de manera que se pueden utilizar para su determinación sin necesidad de cambiar la lámpara. También puede disponerse de las llamadas lámparas de descarga gaseosa, en las cuales se produce la emisión por el paso de corriente a través de un vapor de átomos metálicos, y que se emplean tan solo para algunos elementos como el Hg.

El nebulizador y el sistema atomizador suelen estar integrados en uno, especialmente en los equipos de absorción atómica. En este sistema, la disolución de la muestra (o parte de ella) es inicialmente aspirada y dirigida como una fina niebla hacia la llama (atomizador), lugar donde se forman los átomos en estado fundamental. Para obtener la llama se requiere un combustible (por ejemplo, acetileno) y un oxidante (por ejemplo, aire).

La óptica de un espectrofotómetro de absorción atómica es similar a la de cualquier otro espectrofotómetro. El *monocromador* (prismas, redes de difracción…) permite seleccionar una de las longitudes de onda que proceden de la emisión de la fuente. Parte de la radiación no absorbida es dirigida hacia el detector (por ejemplo, un fotomultiplicador), cuya misión es transformar la energía radiante no absorbida en una corriente eléctrica, que una vez procesada es presentada al analista de diferentes maneras (por ejemplo, unidades de absorbancia).

Calibrado analítico: sensibilidad y límite de detección

La representación gráfica A=f (c), donde A es la absorbancia a una longitud de onda dada (correspondiente normalmente a la línea de emisión más intensa de la lámpara) producida por una serie de patrones de concentración conocida, c, constituye la denominada *curva de calibrado o calibrado externo*. Esta representación será una recta si se cumple la ley de Lambert-Beer; sin embargo, muchas veces se curva debido a que se producen desviaciones de dicha ley, motivadas por diferentes razones, por ejemplo, por las características de la fuente o las propiedades de la llama.

La sensibilidad y el límite de detección son dos términos asociados a la línea de calibrado que se emplean para describir cuantitativamente las prestaciones de un instrumento de absorción atómica. La sensibilidad se define como la concentración del elemento en disolución acuosa que origina una absorción del 1% o una absorbancia de 0.0044, y también como la pendiente de la línea de calibrado. El límite de detección será la concentración que origina una señal equivalente a tres veces la desviación estándar de 10 disoluciones del blanco.

La sensibilidad varía en función de numerosos factores que afectan al número de átomos que se forman en la llama. Son principalmente los siguientes:

- La velocidad de aspiración del material en la llama: este factor depende de la presión del gas y algunas veces de la viscosidad.
- Viscosidad del material que se analiza: si la disolución de la muestra no ha sido buena, la velocidad de flujo y de aspiración será lenta.
- Disolvente: algunos disolventes orgánicos aumentan la absorbancia por un factor de dos a cuatro. Ello se debe a que mejoran la eficiencia de aspiración, ya que sus tensiones superficiales son menores que las del agua.
- Tensión superficial del disolvente: una baja tensión superficial del disolvente favorece la formación de gotas más pequeñas, que facilitan el que mayor cantidad de muestra alcance la llama.

El porcentaje de átomos que se encuentran en el estado fundamental
depende de la temperatura de la llama. Ocasionalmente hay elementos
interferentes que previenen la formación de átomos en el estado
fundamental. Algunas veces el elemento a determinar forma complejos
estables en la llama que no se disocian a la misma temperatura que los
estándares de calibración. Idealmente, los estándares para la calibración
deben ser lo más parecidos posibles a la matriz a analizar. En caso de que
esto no sea posible, debe emplearse el método de *adiciones estándar*.

Por otra parte, las determinaciones en absorción atómica, como en
cualquier otro método analítico, están sujetas a numerosas interferencias.
Las principales fuentes de interferencias son:

- Emisión molecular de óxidos metálicos y compuestos refractarios.
- Dispersión de radiación o absorción por parte de las partículas sólidas o
gotas de disolvente no vaporizadas.
- Interferencias debidas a la presencia de muchos átomos ionizados,
especialmente en llamas calientes. La formación de iones en lugar de
átomos origina una disminución de la absorbancia.
- Formación de compuestos refractarios:

a) Los aniones de la muestra pueden reaccionar con el elemento a
determinar originando un compuesto refractario y una disminución de
la absorbancia.
b) Los elementos de la muestra reaccionan con el oxígeno o los iones
hidróxido de la llama originando una disminución del número de
átomos.

3. MATERIALES, EQUIPOS Y REACTIVOS

- Espectrofotómetro de Absorción Atómica Agilent FS-240, equipado con una lámpara de cátodo hueco de Zn.
- 7 fiolas de 50 ml
- 5 fiolas de 25 ml
- 1 fiola de 100 ml
- Ácido clorhídrico concentrado.
- **Zn** metálico.
- **Disolución de HCl 5 M**. Se prepara por dilución adecuada del ácido concentrado teniendo en cuenta su densidad y riqueza.
- **Disolución patrón de Zn de 100 mg/L**. Se prepara disolviendo 0.1 g de Zn metálico en 25 ml de HCl 5 M y diluyendo a 1 L con agua destilada.
- **Disolución de HCl 0.125M**. Se prepara por dilución adecuada de la disolución 5M.
- **Disolución de trabajo de Zn de 5 mg/L**. En un matraz de 100 ml se añaden 5 ml de la disolución patrón de Zn de 100 mg/L y se enrasa a 100 ml con la disolución HCl 0.125 M.

4. PROCEDIMIENTO EXPERIMENTAL

4.1 Obtención de Calibrado

- Longitud de onda 213.9 nm.
- Rendija 0.7 nm.
- Llama: aire- acetileno.

Se mide la absorbancia de una serie de disoluciones que contienen concentraciones de Zn comprendidas entre 0.1 y 1.0 µg/mL (por ejemplo,

0.1, 0.2, 0.3, 0.4, 0.6, 0.8, 1.0 µg/mL), preparadas a partir de la disolución de trabajo de Zn (5 µg/mL) y enrasando a 50 mL con la disolución de HCl 0.125 M. Simultáneamente se prepara un blanco formado por HCl 0.125 M.

4.2 Determinación de Zn en agua

La muestra se diluye convenientemente con HCl 5 M y con agua destilada de forma que la concentración de HCl sea 0.125 M y la lectura instrumental quede incluida dentro del intervalo lineal de concentraciones considerado en el calibrado (por ejemplo, tomar dos muestras de 12 y 20 ml de la muestra de agua, añadir el volumen necesario de HCl 5 M para que la concentración final de dicho ácido sea 0.125 M y enrasar a 25 ml con agua destilada). Realizar el análisis de la muestra problema por quintuplicado. La concentración de Zn puede determinarse por interpolación en el calibrado obtenido en el apartado anterior.

4.3 Determinación del límite de detección y cuantificación

Se determina utilizando diez medidas del blanco.

5 CUESTIONARIO

A. Representar la recta de calibrado y obtener su ecuación.

B. Determinar la concentración de Zn en la muestra.

C. Calcular el intervalo de confianza y la precisión.

D. Determinar el límite de detección y el de cuantificación del analito empleando el método propuesto.

E. Evaluar las ventajas e inconvenientes de este método.

BIBLIOGRAFÍA

- Danzer Klaus, Currie Lloyd A. (1998), "Guidelines for Calibration in Analytical Chemistry Part I. Fundamentals and single component calibration". IUPAC Pure & Appl. Chem, Vol. 70, No. 4, pp. 993-1014.

- D. A. Skoog, J. J., Leary, T.A. Nieman, "Análisis Instrumental". McGraw Hill. Madrid. 2001

- D. E. Olsen, "Métodos ópticos de Análisis". Reverté. Barcelona. 1986.

- Licapa, Gladys (2009), "Implementación y estandarización de análisis por absorción atómica en la compañía minera Catalina Huanca - Ayacucho". Tesis.

- L. Ximénez, "Espectroscopía de absorción atómica" Vol 1. Publicaciones Analíticas. Madrid, 1980.

- Hernández, M. y Serrano, A. 1996. Manual de seguridad y salud en laboratorios. Edit. Fremap. 28pp.

- Panreac Química S.A. 2005. Manual de Seguridad en laboratorios Químicos. Graficas Montaña. S.L. Barcelona España. 128 pp.

- Sánchez Palacios, María "Métodos de Calibrado" Mérida- Venezuela

- Ecured (2018). Dirección y velocidad del viento. Recuperado de: https://www.ecured.cu/Velocidad_del_viento

- Flores, J. (27 de Agosto de 2013). RPP Noticias. Obtenido de https://vital.rpp.pe/expertos/cuantos-decibeles-puede-soportar-el-oido-humano-noticia-625909.

- InfoAgro.com. (s.f.). Obtenido de InfoAgro.com: http://www.infoagro.com/instrumentos_medida/doc_anemometro_velocidad_viento.asp?k=80

- PCE. Inst. (s.f.). Obtenido de PCE. Inst: https://www.pce-iberica.es/medidor-detalles-tecnicos/enlace-luxometros-valores.htm.

- Harris; Daniel (2001), "Análisis Químico Cuantitativo" 2ª Edición. Editorial Reverte. España

- Miller James N., Miller Jame C. (2002), "Estadística y Quimiometria para química Analítica" 4ª Edición. Editorial Prentice Hall. España.

I want morebooks!

Buy your books fast and straightforward online - at one of world's fastest growing online book stores! Environmentally sound due to Print-on-Demand technologies.

Buy your books online at
www.morebooks.shop

¡Compre sus libros rápido y directo en internet, en una de las librerías en línea con mayor crecimiento en el mundo! Producción que protege el medio ambiente a través de las tecnologías de impresión bajo demanda.

Compre sus libros online en
www.morebooks.shop

KS OmniScriptum Publishing
Brivibas gatve 197
LV-1039 Riga, Latvia
Telefax: +371 686 204 55

info@omniscriptum.com
www.omniscriptum.com

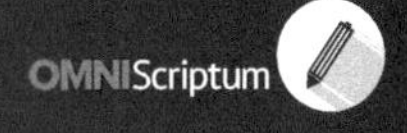

Printed by Books on Demand GmbH, Norderstedt / Germany